高等学校计算机应用规划教材

C 语言程序设计

主　编　杜　红　邓绍金

副主编　王圆姝　伍　鹏

清华大学出版社

北　京

内 容 简 介

本书是一本关于 C 语言程序设计基础及应用的教程，共由 10 章内容构成，全面系统地介绍了 C 语言程序设计的基本概念及实现方式，包括 C 语言概述、数据类型、运算符与表达式、顺序结构程序设计、选择结构程序设计、循环结构程序设计、数组、函数、指针、结构体与共用体以及文件等内容。

本书在传统教材的编写模式基础上，体现了模块化编程、结构化程序设计的特点。以实例为导引，将知识点全面概括在应用实例中；对每一个实例实现方式及程序代码均给出注释，方便阅读、理解；配有大量课后习题，方便检测和巩固学习成果，并做到理论与实践相结合，突出应用；引入一些实例与工程应用紧密结合；每一章章首列出本章要掌握的内容，后面有小结以及测试习题，便于自学和自测。此外，本书的配套教程《C 语言习题集与实验指导》(ISBN：978-7-302-32449-2)在习题和实践环节上对本书进行了补充和指导。

本书适用于高等学校各专业程序设计基础教学，特别适合应用型本科计算机及非计算机相关专业的学生使用，同时也是计算机等级考试备考的一本实用辅导书。

图书在版编目(CIP)数据

C 语言程序设计 / 杜红，邓绍金 主编. —北京：清华大学出版社，2013.9

(高等学校计算机应用规划教材)

ISBN 978-7-302-33413-2

Ⅰ. ①C…　Ⅱ. ①杜…　②邓…　Ⅲ. ①C 语言—程序设计—高等学校—教材　Ⅳ. ①TP312

中国版本图书馆 CIP 数据核字(2013)第 180802 号

责任编辑：王　定　程　琪
装帧设计：牛艳敏
责任校对：邱晓玉
责任印制：何　芊

出版发行：清华大学出版社
　　　　　网　　址：http://www.tup.com.cn，http://www.wqbook.com
　　　　　地　　址：北京清华大学学研大厦 A 座　　　　邮　　编：100084
　　　　　社 总 机：010-62770175　　　　　　　　　　邮　　购：010-62786544
　　　　　投稿与读者服务：010-62776969，c-service@tup.tsinghua.edu.cn
　　　　　质 量 反 馈：010-62772015，zhiliang@tup.tsinghua.edu.cn
　　　　　课 件 下 载：http://www.tup.com.cn，010-62794504
印 刷 者：北京世知印务有限公司
装 订 者：三河市溧源装订厂
经　　销：全国新华书店
开　　本：185mm×260mm　　　　印　　张：17.75　　　　字　　数：410 千字
版　　次：2013 年 9 月第 1 版　　　　　　　　　　　印　　次：2013 年 9 月第 1 次印刷
印　　数：1～4000
定　　价：32.00 元

产品编号：051908-01

前　言

从计算机诞生到今天，人们学习、工作、生活、娱乐的方方面面都已经离不开计算机和计算机技术了。随着信息技术的进步，计算机技术得到了快速的发展。在计算机技术的各个组成部分中，计算机软件设计占据着重要的地位，它为人们更好地利用计算机解决问题提供了重要途径。

C 语言作为一门最通用的语言，是其他语言的基础。C 语言从诞生到现在，已经成为最重要和最流行的编程语言之一，是进一步学习"面向对象程序设计"、"数据结构"、"算法设计与分析"等课程的先导课程之一。

C 语言具有高级语言的强大功能，又有很多直接操作计算机硬件的功能(这些都是汇编语言的功能)，因此，C 语言通常又被称为中级语言。学习和掌握 C 语言，既可以增进对于计算机底层工作机制的了解，又可以为进一步学习其他高级语言打下坚实的基础。

C 语言具有表达能力强、功能丰富、目标程序质量高、可移植性好、使用灵活等特点。因此既具有高级语言的优点，又具有低级语言的某些特性，特别适合于编写系统软件和嵌入式软件。C 语言的上述特点使得我国大部分高等院校都把 C 语言作为计算机和非计算机专业的第一门程序设计语言课程。全国计算机等级考试、全国计算机应用技术证书考试也都把 C 语言列入考试范围。

本书立足于应用型本科教育，以培养应用型人才为主要目标，在介绍 C 语言的基本概念和知识的同时，重点突出应用和实践，全面培养学生计算机程序设计的能力。本教材面向程序设计初学者，在编写教材过程中，作者力求用读者容易理解的体系和叙述方法，深入浅出、循序渐进地帮助读者更好地掌握 C 语言程序设计的基本内容和方法，以总结的形式，对各章内容进行归纳，以便于学生对重要知识点内容的掌握。书中精心选编了大量例题及习题，供老师在教学中根据需要进行选择，方便学生通过多读程序例子和多动手上机编程，以达到开阔思路和提高程序设计能力之目的。

本书全面翔实地介绍了 C 语言的基本概念和程序设计方法。第 1 章介绍了 C 程序的结构、特点和上机步骤；第 2 章介绍了 C 语言的基本数据类型、常量与变量，运算符、表达式和常用库函数的概念和应用；第 3 章、第 4 章、第 5 章介绍了三种结构化程序设计方法；第 6 章介绍了一维数组、二维数组的应用，以及字符数组和字符串处理的方法；第 7 章综述了 C 语言的函数和模块化程序设计的方法，介绍了变量的作用域、变量的存储类型等概念；第 8 章介绍了指针及其应用；第 9 章介绍了结构体、共用体的概念和应用以及位和位段的操作；第 10 章介绍了文件的概念、文本文件和二进制文件的读写方法及其应用。

本书第 1 章、第 6 章和第 10 章由邓绍金编写，第 2 章、第 8 章由伍鹏编写，第 3 章、第 4 章和第 5 章由王圆妹编写，第 7 章、第 9 章和附录由杜红编写。全书由杜红负责统稿。

在本书编写过程中，长江大学教务处、电子信息学院的领导和老师也给予了很大的支持并提出了许多宝贵意见，使本书更具实用性。在此，对他们表示衷心感谢！也谢谢汤有禄同学的帮助。

由于时间紧迫，加之编者水平有限，书中疏漏之处在所难免，敬请读者批评指正。

编 者

2013 年 7 月

目 录

第1章 C语言概述

C 语言是国际上流行的计算机高级语言，它是一种强大的专业化编程语言，既可用来编写系统软件，也可用来编写应用软件。自从 C 语言诞生以来，其强大的功能和各方面的优点逐渐为人们认识，它的应用可以适应不同的操作系统，从 20 世纪 70 年代的 UNIX 系统，到 20 世纪 80 年代的 Windows 系统、Linux 系统，也在各类大、中、小和微型计算机上得到了广泛的使用，现在已然成为当代最优秀的程序设计语言之一。

C 语言也是一种理想的结构化语言，具有描述能力强的特点，是相关专业进行计算机语言学习中比较理想的示范语言。掌握了 C 语言后，再学其他的语言就比较容易，通过简单的变通，就能够适应其他语言规范，进而完成其他环境下的应用程序设计。

本章通过介绍 C 语言的发展及特点、C 程序总体结构与书写规则、C 语言的语句与关键字的概念，以及 VC++运行环境下的基本操作，从一个比较低的层次，让读者尽快掌握 C 程序设计理念。

本章应掌握的内容
- C 语言的产生及特点
- C 程序的结构特征
- C 语言的语句规范
- C 语言的关键字
- C 程序的运行环境及运行步骤

1.1 C 语言的发展简史和特点

1.1.1 C 语言的起源与发展

在 C 语言诞生之前，汇编语言是编写系统软件的主要语言。由于汇编语言程序是依赖于计算机硬件来实现，其可读性和可移植性很差，其他的高级语言又难以实现对计算机硬件的直接操作(汇编语言的特点)，于是人们期望有一种兼有汇编语言和高级语言特性的新语言出现。

C 语言最早的原型是 ALGOL60，也称为"A 语言"。1963 年，剑桥大学将其发展成为 CPL 语言(Combined Programing Language)。1967 年，剑桥大学的 Matin Richards 对 CPL 语言进行了简化，产生了 BCPL 语言。有趣的是，1970 年，美国 AT&T 贝尔实验室的 Ken Thompson 将 BCPL 进行了修改，将其取名为"B 语言"，并用 B 语言写了第一个 UNIX

系统。1973 年，AT&T 贝尔实验室的 Dennis Ritchie 在 BCPL 和 B 语言的基础上设计出了一种新的语言，将其取名为"C 语言"。随后不久，UNIX 的内核(Kernel)和应用程序全部用 C 语言改写，从此，C 语言成为 UNIX 环境下使用最广泛的主流编程语言。在 C 语言的发展过程中，最具代表的是 1978 年，Brian W.Kernighan 和 Dennis M.Ritchie 出版了名著 *The C Programming Language*，从而使 C 语言成为目前世界上流行最广泛的高级程序设计语言。1988 年，随着微型计算机的日益普及，出现了许多 C 语言版本。由于没有统一的标准，使得这些 C 语言之间出现了一些不一致的地方。为了改变这种情况，美国国家标准研究所(ANSI)为 C 语言制定了一套 ANSI 标准，成为现行的 C 语言标准。1989 年，草案被 ANSI 正式通过成为美国国家标准，被称为 C89 标准。1990 年，国际标准化组织(International Organization for Standardization，ISO)批准 ANSI C 成为国际标准，被称为 C90 标准。之后，ISO 在 1995 年对 C90 进行技术补充，推出 C95 标准。1999 年，ANSI 和 ISO 又通过了最新版本的 C 语言标准和技术勘误文档，该标准被称为 C99。

1.1.2　C 语言的特点

C 语言作为一种计算机程序设计语言，它既有高级语言的特点，又具有汇编语言的特征。它可以应用在操作系统层面、应用程序设计层面及需要对硬件进行操作的环境，因此，它的应用范围广泛，主要特点如下。

(1) 语言简洁、紧凑，使用灵活、方便。C99 标准规定，C 语言一共只有 37 个关键字，9 种控制语句，程序书写自由，主要用小写字母表示。它把高级语言的基本结构和语句与低级语言的实用性结合起来。C 语言可以像汇编语言一样对位、字节和地址进行操作，从而满足编程人员如汇编语言一样对计算机硬件操作的需要。

(2) 运算符丰富。C 语言的运算符包含的范围很广泛，共有 34 个运算符。C 语言把括号、赋值、强制类型转换等都作为运算符处理，从而使 C 的运算类型极其丰富，表达式类型多样化，通过灵活使用各种运算符，可以实现在其他高级语言中难以实现的运算。

(3) 数据类型丰富。C 语言的数据类型有整型、实型、字符型、数组类型、指针类型、结构体类型、共用体类型等，并能通过现有数据类型来构建各种复杂的数据类型。

(4) 模块化设计、结构化编程。模块化设计的显著特点是以功能模块为单位进行程序设计，各个模块相对独立、功能单一、结构清晰、接口简单。C 语言提供了各种多样的系统库函数给用户，用户还可以根据需要自定义函数，这种模块化程序设计可使程序易于调试、使用以及维护。任何程序都可由顺序、选择、循环三种基本控制结构来构造。

(5) C 语言的语法限制不太严格、程序设计自由度大。一般的高级语言语法检查比较严格，能够检查出几乎所有的语法错误，而 C 语言通过放宽语法检查，允许程序编写者有较大的自由度。

(6) C 语言允许直接访问物理地址，可以直接对硬件进行操作。C 语言既具有高级语言的功能，又具有低级语言的许多功能，还能够像汇编语言一样对位、字节和地址进行操作，运用这一特性，能够较好地编写应用软件和系统软件。

(7) C 语言程序生成代码质量高，程序执行效率高。由于 C 语言合理地运用指针数据类型，并具有汇编语言的部分功能，因而，C 语言程序生成的目标代码执行效率会很高，仅比汇编程序生成的目标代码效率低 10%～20%。

(8) C 语言适用范围大，可移植性好。C 语言能够适合于多种操作系统，如 DOS、UNIX，也能够适用于多种机型，因而它具有适用范围大、可移植性好的特点。

事物都是两面的，C 语言在表达方面的自由会增加程序的风险，指针的运用可能会使程序的错误难以追踪，C 语言的简洁性与其丰富的运算符相结合，使其可能会编写出极难理解的代码，降低了程序代码的可读性。

1.2　C 语言的程序结构与书写规则

1.2.1　C 语言程序的构成

在介绍 C 程序的结构之前，先来看几个 C 程序的例子。

为了帮助程序员阅读程序，理解程序的功能，在程序中添加必要的注释，其中"/* …*/"为块注释，"//"为行注释，注释的内容可以任意，但对编译和运行不起任何作用。

【例 1.1】由 main()函数构成 C 语言程序，在屏幕上输出一行信息。

```
/*功能：输出文本信息*/
#include<stdio.h>                //编译预处理指令
void main()                      //定义主函数
{                                //main 函数开始标志
    printf("This is a C program.\n");   //输出指定的一行信息
}                                //main 函数结束标志
```

【运行结果】

```
This is a C program.
press any key to continue
```

【说明】第 1 行为注释。第 2 行为编译预处理指令，由#include 包含扩展名为.h 的头文件，由一对"< >"作为引导。第 3 行 main 是主函数的函数名，它是整个程序执行的入口，void 表示本函数没有返回值。第 4 行和第 6 行表示本函数函数体的开始与结束，由一对"{ }"作为定界符。第 5 行为函数调用语句，printf 函数是一个由系统定义的标准函数，其功能是把要输出的内容送到显示器去显示，"\n"表示回车换行，语句由分号结束。输出结果中的 press any key to continue 为 VC++系统提示，表示程序运行结束，按任意键返回系统环境。

【提示】由于 press any key to continue 是系统对程序运行结束的一种提示，在本书的后面内容中，省略该行内容。

【例 1.2】计算两数之和，并在屏幕上显示其结果。

```
/*功能：求两数的和*/
#include<stdio.h>                //编译预处理指令
int main()                       //定义主函数
{
    int a,b,sum;                 //定义变量的数据类型
    a=10;b=20;                   //给定义的变量赋值
    sum=a+b;                     //计算变量的和
    printf("sum is %d\n",sum);   //输出计算结果
    return 0;
}
```

【运行结果】

```
sum is 30
```

【说明】该程序的作用是求两个整数之和，然后在屏幕上显示其结果。第 5 行是变量的声明部分，定义了 3 个整型变量 a、b 和 sum。第 6 行是两个赋值语句，分别给 a 和 b 赋值为 10 和 20。第 7 行也是一个赋值语句，计算 sum 的值。第 8 行为函数调用语句，调用系统函数 printf 以指定的格式在屏幕输出 sum 变量的值。

【例 1.3】 由主函数和其他函数构成的 C 语言程序，计算两数之和。

```
/*功能：用函数实现两数的和*/
#include<stdio.h>
int main()
{ int    add(int x, int y);      //函数的声明
    int a,b,sum;                 //定义变量
    a=10;b=20;                   //给定义的变量赋值
    sum=add(a,b);                //调用 add 函数，计算变量 a,b 的和
    printf("sum is %d\n",sum);   //输出计算结果
    return 0;
}

int    add(int x, int y)         //定义一个求两个整数和的函数
{   int z;                       //定义一个整型变量
    z=x+y;                       //计算两变量的和
    return z;                    //返回函数的计算值
}
```

【运行结果】

```
sum is 30
```

【说明】本程序包含两个函数的定义：main 函数和 add 函数。add 函数的作用是将 x 和 y 相加，并将计算结果赋给变量 z，通过 return 语句将 z 的值返回给主调函数 main。变量和函数都要"先定义，后使用"，在 main 函数中要调用 add 函数，而 add 函数的位置在

main 函数之后，为了使编译系统能够正确识别和调用 add 函数，必须在调用 add 函数之前对 add 函数进行声明。程序的第 7 行调用了 add 函数，在调用时将 a 和 b 的值(实际参数)分别传送给 add 函数中的参数 x 和 y(称为形式参数)，经过用户自定义的 add 函数调用，实现了两个数的求和。第 8 行是输出变量 sum 的值。

1.2.2　C 语言程序的结构特点及书写规则

综合上述实例，C 语言程序的结构特点如下。

(1) C 程序由函数构成。一个 C 源程序有且仅有一个 main 函数，还可以包含若干个其他函数。对于 C 源程序，由于函数是 C 程序的基本单位，被调用的函数可以是系统提供的库函数，也可以是用户根据需要自己定义的函数，用于实现特定的功能。程序的全部工作都是由各个函数分别完成的，程序的设计就是模块化的结构。

(2) 一个函数由两部分组成：

- 函数的首部，即函数的第 1 行，包括函数类型、函数名、函数参数(形式参数)。
- 函数体，即函数首部下面的花括号内的部分。如果一个函数内有多层花括号，则最外层的一对花括号为函数体的范围。

函数体一般包括以下两部分。

- 声明部分。在这部分中定义所用到的变量和对所调用函数的声明。
- 执行部分。由若干行语句组成，是完成具体功能的代码。

在某些情况下可以没有声明部分，甚至可以既无声明部分也无执行部分。

```
void dump()
{
}
```

这是一个空函数，什么也不做，但在理论上是合法的。

(3) 一个 C 程序总是从 main 函数开始执行，不论 main 函数在程序中什么位置。并且，一个源程序不论由多少个文件组成，有且仅有一个 main 函数(即主函数)。

(4) C 程序书写格式自由，一行内可以写几条语句，一条语句也可以分写在多行上，C 程序没有行号。标识符、关键字之间必须至少加一个空格以示间隔。若已有明显的间隔符，也可不再加空格来间隔。

(5) 源程序中可以有预处理命令(#include 命令仅是其中的一种)，预处理命令通常应放在源文件的最前面。

(6) 每个语句和数据声明的最后必须有一个分号。分号是 C 语句的必要组成部分。但预处理命令、函数头和花括号"}"之后不能加分号。

(7) C 语言本身没有输入/输出语句。输入和输出的操作是由库函数所定义的标准函数来实现的。

(8) 可以用 / *...* / 对 C 程序中的任何部分做块注释。用"//"对一行中右边的内容进行注释。一个好的源程序都应当有必要的注释，以增加程序的可读性。

注意:

为了避免遗漏必须配对使用的符号,如注释符号、函数体的起止标识符(大括号)、圆括号等,在输入时,可连续输入这些起止标识符,然后再在其中进行插入来完成内容的编辑。在起止标识符嵌套以及相距较远时,这样做更有必要,可以保证层次结构的完整性。

1.3 C语言的语句及关键字

1.3.1 C语言的语句

C语言程序从程序结构来说,可分为三种基本结构,即顺序结构、选择结构、循环结构,这三种基本结构可以组成所有的各种复杂程序。

C语言程序从程序的执行来说,是由各种语句组成的,按其功能或构成的不同分为以下五类:表达式语句、函数调用语句、控制语句、复合语句、空语句。

1. 表达式语句

表达式语句由表达式加上分号";"组成。其一般形式为:

表达式;

执行表达式语句就是计算表达式的值。

例如: x=y+z; a=520;等。

2. 函数调用语句

函数调用语句由函数调用加一个分号";"构成。其一般形式为:

函数名(实际参数表);

执行函数调用语句就是执行调用函数内部的代码,即执行函数体。在执行时,先把实际参数与函数定义中的形式参数相结合,然后执行被调函数体中的语句,执行相应的功能。

例如:

printf("%d,%d,%d",a,b,c);   //调用系统库函数 printf 函数

3. 控制语句

控制语句用于控制程序的执行顺序,实现程序的各种复杂结构,以完成程序的特定功能。C语言有九种控制语句,可分成以下三类。

(1) 选择结构判断语句。if 语句、switch 语句。

(2) 循环结构控制语句。while 语句、do-while 语句、for 语句、break 语句、continue 语句。

(3) 转向语句。return 语句、goto 语句(goto 语句尽量少用,其语句不利于结构化程序设计,用它后会使程序流程无规律、可读性变差)。

4. 复合语句

把多条或一条语句用括号"{ }"括起来组成一个语句,称为复合语句。在程序中应把复合语句看成是单条语句,而不是多条语句。

例如:

```
{
    x=y+z;
    a=b+c;
    printf("%d%d", x, a);
}
```

是一条复合语句。复合语句内的各条语句都必须以分号";"结尾。此外,在括号"}"后不能加分号。复合语句具有如下性质:

(1) 在语法上和单一语句相同,单一语句可以出现的地方,也可以使用复合语句。

(2) 复合语句可以嵌套,复合语句也可出现在复合语句中。

5. 空语句

只有分号";"构成的语句称为空语句,空语句什么也不执行。在程序中空语句可用来作空循环体。

例如,while(getchar()!='#');语句的功能是:只要从键盘输入的字符不是"#"字符就重新输入。这里的循环体为空语句。

1.3.2 关键字

C 语言关键字就是被 C 语言本身使用的,不能作其他用途使用的字。关键字不能用作变量名、函数名。在 C99 标准中,C 语言的关键字共有 37 个,根据关键字的作用,可分为数据类型关键字、流程控制关键字、其他类关键字[详见附录 A:ISO/ANSI C90(C99)标准关键字],具体划分如下。

1. 数据类型关键字

(1) 基本数据类型:void、char、int、float、double。

(2) 类型修饰关键字:short、long、signed、unsigned。

(3) 复杂类型关键字:struct、union、enum、typedef、sizeof。

(4) 存储级别关键字:auto、static、register、extern、const、volatile。

2. 流程控制关键字

(1) 跳转结构:return、continue、break、goto。

(2) 分支结构:if、else、switch、case、default、for、do、while。

3. 其他类关键字

restrict、inline、_Complex、_Imaginary、_Bool。

1.4   VC++ 6.0 集成开发环境

1.4.1   C 程序一般运行步骤

为了使计算机能按照人的思想进行工作，必须根据解决问题的要求及步骤，编写出相应的程序代码，即一组计算机能识别和执行的指令，每一条指令使计算机执行特定的操作。用高级语言编写的程序称为"源程序"。对于计算机而言，它只能识别和执行由 0 和 1 组成的二进制的指令，而不能识别和执行用高级语言写的指令。为了使计算机能执行高级语言源程序，必须先用一种"编译程序"的软件，把源程序翻译成二进制形式的"目标程序"，然后再将该目标程序与系统的函数库以及其他目标程序连接起来，形成可执行的目标程序。

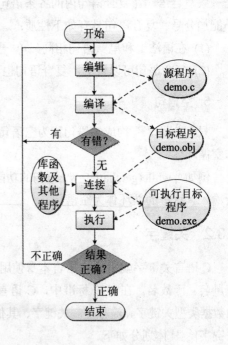

编写 C 的源程序，然后上机运行，需要经过四个步骤：(1)编辑源程序，生成文本字符文件。(2)对源程序进行编译，形成目标文件。(3)连接，与库函数和其他目标程序连接，形成执行文件。(4)运行目标程序，得到运行结果。在这四个步骤中，如果任何一步有错，均可返到上一步或回到第一步重新操作，其流程如图 1-1 所示。其中实线表示操作流程，虚线表示文件的输入/输出。在上述流程图中，编辑后得到一个源程序文件为 f.c，经过编译得到目标程序文件 f.obj，再将目标程序与系统提供的库函数等连接，得到可执行的目标程序 f.exe，最后得到程序执行结果。

图 1-1   C 程序运行流程图

1.4.2   Visual C++集成开发环境

Microsoft Visual C++(简称 Visual C++、MSVC、VC++或 VC)是微软公司开发的一个集成开发环境(IDE)，可提供 C 语言、C++语言等应用程序的开发。它具有程序框架自动生成、灵活方便的类管理、代码编写和界面设计集成交互操作、可开发多种程序等优点，可以将简单的 C 程序开发与高端的面向对象应用程序开发进行有机结合，这些特征明显缩短程式编辑、编译及连接花费的时间，在大型软件编程上尤其显著，可以为今后高级程序开发打下一个好的基础。

Visual C++经历了 1.0、1.5、2.0、4.0、5.0、6.0、2002、2003、2005、2008、2010、2012 版本，还包含 VC++.NET 2002、VC++.NET 2003 程序开发集成环境，其中 Visual C++ 6.0 于 1998 发行，自发行至今一直被广泛地用于大大小小的项目开发，Visual C++被整合在 Visual Studio之中，但仍可单独安装使用。

Visual C++包含文本编辑器、资源编辑器、工程创建和管理工具、调试器、联机帮助等。在这个环境中，程序员可以完成应用程序的创建、编码、测试、完善等各个阶段的工作。

在开始运用集成开发环境之前，还需要做必要的准备：

(1) 在计算机上安装 Microsoft Visual C++ 6.0 系统软件。

(2) 通常需要在某个物理硬盘上建立一个文件夹(可选择除系统盘以外的地方)，用于保存自己所编写的各种文件及系统的中间结果，这样有利于再次利用已有的文件来进行其他功能的补充。如果不建立个人文件夹，系统将其编写的工程默认地建立在系统当前环境目录下。

集成开发环境具体的运行步骤如下。

1. 进入 Visual C++ 6.0 集成开发环境

双击 Windows 桌面上的 Visual C++ 6.0 图标或单击 Windows 桌面上的"开始"按钮，在"程序"中选择 Visual C++ 6.0 运行即可。启动 Visual C++ 6.0 程序以后，出现 Microsoft Visual C++窗口，其主菜单共有 9 个菜单项，分别为 File、Edit、View、Insert、Project、Build、Tools、Window、Help，如图 1-2 所示。

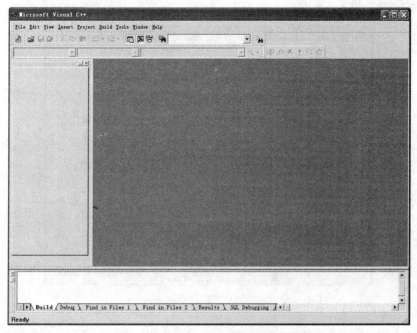

图 1-2　Visual C++ 6.0 集成开发环境

2. 建立一个新工程

选择 File 菜单下的 New 命令或直接按 Ctrl+N 键，启动新建向导，如图 1-3 所示，进行工程文件的创建。

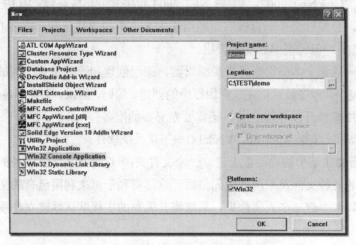

图 1-3　新建向导

(1) 创建工程文件

在 Projects 选项卡中选择 Win32 Console Application 选项，建立一个在 Win32 环境下的控制台运行程序，在 Project name 文本框中输入项目名称 demo，在 Location 文本框中输入或选择项目文件的位置，如图 1-3 中 C:\TEST\demo，项目将所有文件保存在此文件夹中。输入完毕，单击 OK 按钮，进入 C 程序的工程创建模板。依据系统提示，就可以完成整个工程文件的创建，进入下一界面，如图 1-4 所示。

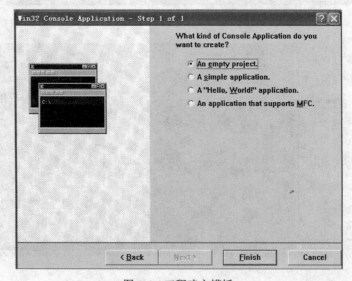

图 1-4　工程建立模板

在图 1-4 所示界面中选择 An empty project 单选按钮，然后单击 Finish 按钮，系统显示相关的项目信息，其界面如图 1-5 所示。通过 Back 按钮可以退回到上一步，进行再次选择。

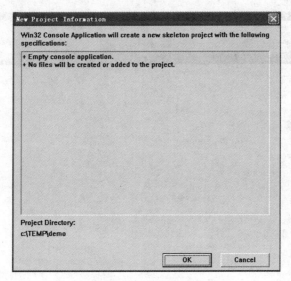

图 1-5　项目信息

在项目信息对话框中，单击 OK 按钮，系统完成项目的创建，并保存项目相关的信息。

(2) 创建原始 C 程序

选择 File 菜单下的 New 命令或直接按 Ctrl+N 键，启动新建文件，在 Files 选项卡中选择 C++ Source File 选项，在 File 文本框中输入 C 源程序名，如 demo1，如图 1-6 所示。输入完毕，单击 OK 按钮，进入 C 程序源代码编辑界面，如图 1-7 所示。至此，完成工程项目的创建。

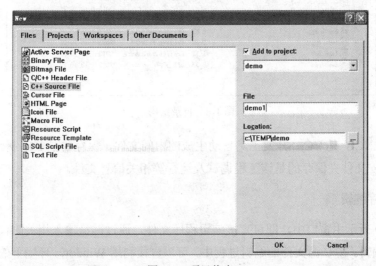

图 1-6　项目信息

完成上述工作后，其工程项目的目录结构如图 1-8 所示，其后可以对 C 程序进行编辑、编译、调试等工作。其工程项目的目录结构中文件的特征如下：

- demo.dsw 是项目工作区文件，双击此文件，即可打开此项目。
- demo.dsp 是项目文件。
- demo1.cpp 是项目中所涉及的 C++源程序。

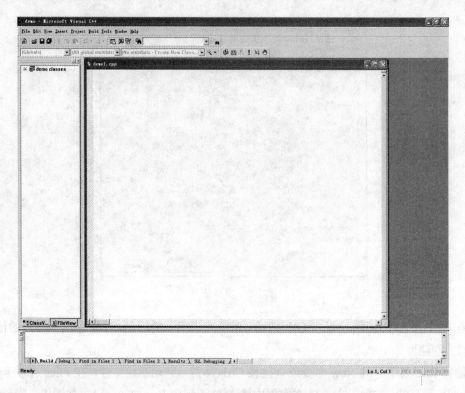

图 1-7　程序源代码编辑环境

×	名称 ▲	大小	类型	修改日期
	Debug		文件夹	2013-4-18 10:21
	demo	33 KB	NCB 文件	2013-4-18 10:22
	demo1.cpp	0 KB	C++ Source file	2013-4-18 10:22
	demo.dsp	5 KB	Project File	2013-4-18 10:22
	demo.dsw	1 KB	Project Workspace	2013-4-18 10:22
	demo.opt	48 KB	OPT 文件	2013-4-18 10:22

图 1-8　目录结构

- demo.NCB 是 VC++开发工具自动生成的中间文件，保存的是 IDE 提示的信息。
- Debug 文件夹保存的是该工程调试及运行等相关信息文件。

3. 源程序编辑

在图 1-9 所示主窗口中，即可直接编辑程序文件。通过键盘输入相关的代码，完成对 C 源程序的编辑。在 C 源文件的编辑过程中，可以直接利用 Windows 环境下的文件操作命令对其进行编辑。对文件 demo1.cpp 的内容进行编辑，内容如下：

```
#include<stdio.h>
int    main()
{
    int a,b;
    a=10; b=20;
    printf("a+b=%d\n",a+b);
```

```
    return 0;
}
```

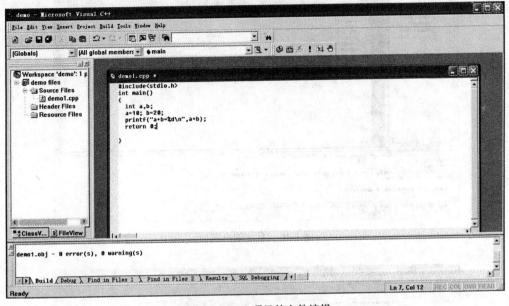

图 1-9 demo 项目的文件编辑

4. 编译源程序

利用"小型编连工具栏"或选择 Build 菜单中的 Compile、Build、Execute
命令完成编译、链接两个环节，其功能如下。

- ：编译 Compile，快捷键 Ctrl+F7。主要用来检查源代码的语法错误，把源代码
  变成一种计算机更方便处理的文件，通常我们称为目标文件，即常用后缀.obj 的
  文件。
- ：链接 Build，快捷键 F7。对目标文件进行装配，根据代码涉及的调用关系，找
  到相应的程序，把它们拼接起来，形成可以被操作系统执行的文件，也就是可执行
  文件。
- ：停止链接 Stop Build，快捷键 Ctrl+Break。
- ：执行程序 Execute Program，快捷键 Ctrl+F5。将可执行文件加载到内存运行，
  得到执行结果。

(1) 选择 Build 菜单中的 Compile 命令，或按 Ctrl+F7 键，也可单击图标，即可直接
对当前打开的源程序进行编译，系统在图 1-10 所示界面中显示其代码和编译结果。

(2) 链接程序。选择 Build 菜单中的 Build 命令，或按 F7 键即可直接对当前项目进行
链接，系统在图 1-11 所示窗口显示链接结果。

(3) 运行程序。选择 Build 菜单中的 Execute 命令，或按 Ctrl+F5 键即可直接运行。
图 1-12 所示为程序运行结果。

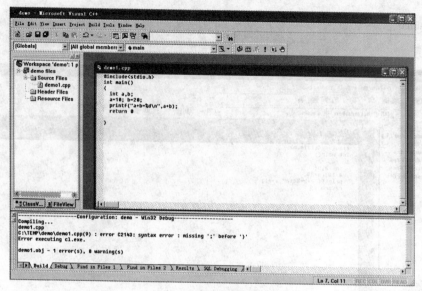

图 1-10 系统输出窗口

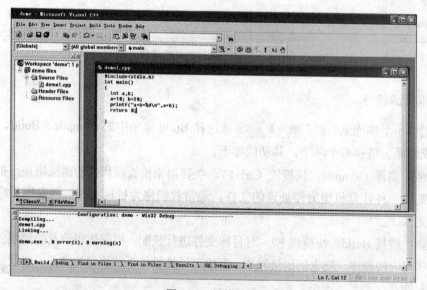

图 1-11 链接结果

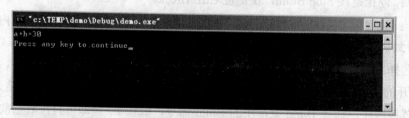

图 1-12 程序运行结果

5. 保存工程

保存工程比较简单，选择 File 菜单中的 Save workspace 命令即可。C 源程序在编译运行过程中有一个自动保存文件的操作，可以完成所有文件的保存。项目可能由多个源程序构成，在保存工程时，需要保存相关的源程序，通过选择 File 菜单中的 Save all 命令。

6. 对已存在工程文件的操作

选择 File 菜单中的 Open workspace 命令，选择相应的项目工作区文件或项目文件即可。例如本例中打开 C:\test\demo\demo.dsw 后的界面如图 1-9 所示。

(1) 打开源程序文件方法，有两种方式。

● 从 File 菜单中选择 Open 命令，输入相应文件名即可打开相关源程序。例如：

C:\test\demo\demo1.cpp

● 在图 1-9 所示 FileView 选项卡中选择相应的文件，单击即可。

(2) 编辑源程序。在图 1-9 所示主窗口中，即可直接编辑程序文件。

(3) 保存源程序。选择 File 菜单中的 Save 命令即可保存当前文件，或直接按 Ctrl+S 键进行保存。

(4) 新建源程序。如果还需要建立新的源文件，可以选择 File 菜单中的 New 命令，在新建向导中，选择 Files 属性，再选择 C++Source File，并在 File 文本框中输入文件名，单击 OK 按钮即可。

7. 程序的调试

(1) 集成环境的右上角还有快捷按钮，它们的功能如下。

● ：设置/取消断点(Insert/Remove breakpoint)，快捷键为 F9。使用 F5 键运行程序时，运行到断点前，则暂停程序的运行，如图 1-13 所示。以便于检查当前中间变量的计算结果。

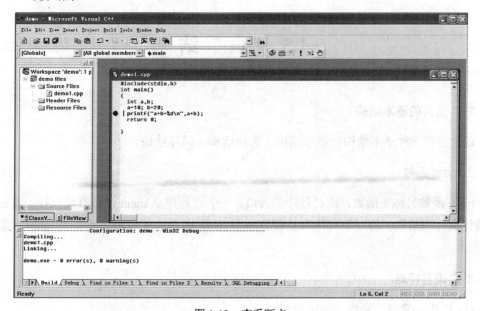

图 1-13　查看断点

- 📖: 运行 Go，快捷键 F5，如果在程序中设置了断点，按该按钮，则运行到断点前暂停。

(2) 单步调试。在调试状态下，使用 Step Over(快捷键 F10)，可以进入到调试环境的 debug 菜单，通过命令控制代码一句一句地执行代码。其快捷图标为 🔧 🔧 🔧 🔧。

- 🔧: (Step Into)(F11)进入到子函数，按代码顺序一行一行执行。
- 🔧: (Step Over)(F10)不进入子函数，将函数调用当作一条语句执行。
- 🔧: (Step Out)(Shift+F11)从子函数中退出，返回到函数调用语句的下一条语句。
- 🔧: (Run to Cursor)(Ctrl+F10)程序运行到光标当前位置。

综合运用上述调试方式，可以很方便地对中间变量进行跟踪，以判定其程序运行的正确性。调试命令对照表如表 1-1 所示。

表 1-1 调试命令对照表

菜单命令	工具条按钮	快捷键	说　明
Go	📑↓	F5	继续运行，直到断点处中断
Step Over	🔧	F10	单步，如果涉及子函数，不进入子函数内部
Step Into	🔧	F11	单步，如果涉及子函数，进入子函数内部
Run to Cursor	🔧	Ctrl+F10	运行到当前光标处
Step Out	🔧	Shift +F11	运行至当前函数的末尾。跳到上一级主调函数
无	✋	F9	设置/取消断点
Stop Debugging	🔧	Shift+F5	结束程序调试，返回程序编辑环境

1.5 小　　结

1. C 语言的基本结构

C 语言有三种基本结构：顺序结构、选择结构、循环结构。

2. main 函数

main 函数又称主函数，是 C 程序的入口。一个 C 程序从 main 函数开始执行，到 main 函数体执行完结束。每一个程序有且仅有一个 main 函数，其他函数都是为 main 函数服务的。

3. C 语言特点

(1) C 语言简洁、紧凑，使用方便、灵活。

(2) 9 种控制语句，程序书写自由，主要用小写字母表示，压缩了一切不必要的成分。

在 C 语言中，关键字都是小写的，具有结构化的语句特点。

(3) C 语言具有丰富的运算符，共有 34 种。

(4) 数据结构类型丰富。

(5) 语法限制不太严格，程序设计自由度大。

(6) C 语言允许直接访问物理地址，能进行位(bit)操作，能实现汇编语言的大部分功能，可以直接对硬件进行操作。

(7) 生成目标代码质量高，程序执行效率高。

(8) 与汇编语言相比，用 C 语言写的程序可移植性好。

4. 函数结构

函数头：函数返回类型　函数名(函数参数类型　函数形式参数 ...)

函数体：包含声明+执行部分

1.6　习　　题

1. 一个 C 语言的语句至少应包含一个(　　)。

　　A. {}　　　　B. 逗号　　　　C. 分号　　　D. 什么不要

2. 一个完整的 C 源程序(　　)。

　　A. 要由一个主函数(或)一个以上的非主函数构成

　　B. 由一个且仅有一个主函数和零个以上(含零)的非主函数构成

　　C. 由一个主函数和一个以上的非主函数构成

　　D. 由一个且只有一个主函数或多个非主函数构成

3. 以下叙述中正确的是(　　)。

　　A. 用 C 程序实现的算法必须要有输入和输出操作

　　B. 用 C 程序实现的算法可以没有输出但必须要有输入

　　C. 用 C 程序实现的算法可以没有输入但必须要有输出

　　D. 用 C 程序实现的算法可以既没有输入也没有输出

4. C 程序是由_____构成的，一个 C 程序中至少包含_____。因此，C 程序的基本构成单位是_____。

5. C 语言中包含了三种基本的结构，它们分别为_____、_____、_____。

第2章 数据类型、运算符与表达式

数据是信息的载体。在用计算机解决实际问题之前，首先要将问题中的对象表示成数据，然后根据一定算法来求解。在 C 语言中，为了表示各种不同类型的数据，提供了丰富的数据类型，同时，也配备了灵活多样的运算符，能实现各种复杂的运算。这些特点使得 C 语言成为一种功能强大、用途广泛的编程语言。

本章应掌握的内容

- 关键字
- 标识符的命名规则
- 基本数据类型
- 常用运算符的优先级与结合性
- 表达式的计算顺序

2.1 C 语言的数据类型

为了对数据进行存储和处理，C 语言把数据分成了多种类型，每种类型的数据有其各自的特点，在数据的表示、存储、运算等方面各自具有一些不同的特性。对于一个具体问题，要设计它的实现算法，首先要解决数据的表示问题，必然要考虑数据的类型。

C 语言的数据类型可以分为基本类型、构造类型、指针类型和空类型四大类，如图 2-1 所示。基本类型包括整型、字符型和浮点型(也称为实型)，它的最主要特点是，不能分解为其他的数据类型。构造类型是由一个或多个其他数据类型组合起来的，可以分解成若干个其他数据类型。指针类型是一种重要的数据类型，指针类型的数据表示某个量在内存中的地址。空类型是一种特殊的数据类型，它通常用来表示无返回值的函数或无定向的指针。C 语言规定了每一类数据在内存中所占的字节数，程序中的任何数据在使用前必须定义其数据类型。

C99 标准中新增了双长整型(long long)、布尔型(_Bool)、复数型(_Complex)及虚数型(_Imaginary)四种类型。目前很多编译器并不支持，Visual C++ 6.0 可以很好地支持 C89，但对 C99 不完全支持。如果要用 C99 标准，Gcc 是一个不错的选择，它支持 C99 中绝大部分功能。

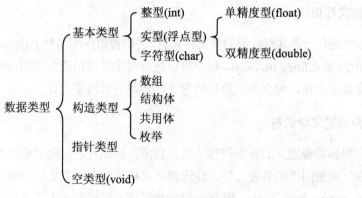

图 2-1　C 语言的数据类型

2.2　常量和变量

2.2.1　标识符

C 语言的标识符主要是用来表示变量名、符号常量名、函数名、数组名等。通俗地说，标识符就是给这些对象起个名字，方便定义和使用。

C 语言中对标识符的命名有一套严格的规定，也就是标识符的命名规则：(1)只能由字母、数字和下划线三种字符组成；(2)第一个字符必须为字母或下划线，不能以数字开头。

C 语言的标识符可以分为三类。

1. 关键字

C 语言为了描述数据类型和流程控制等信息，内定的一批标识符，称为关键字(又称为保留字)。例如，用来说明变量数据类型的 int、double，用来构成流程控制语句的 if、while等。下面列出 C89 标准中定义的 32 个关键字：

auto	break	case	char	const	continue	default	do
double	else	enum	extern	float	for	goto	if
int	long	register	return	short	signed	sizeof	static
struct	switch	typedef	union	unsigned	void	volatile	while

C99 标准中新增加了 5 个关键字：

_Bool	_Complex	_Imaginary	restrict	inline

此外，许多 C 编译器增加了几个扩展关键字，由此充分利用 8086/8088 系列处理器的内存组织，支持混合语言程序设计和中断处理。下面是几个最常用的扩展关键字：

asm	cdecl	_cs	_ds	_es	far
_huge	interrupt	near	pascal	_ss	

2. 预定义标识符

C语言中还有一类具有特定的含义标识符,它们被用作库函数名(如函数名 printf、scanf)或预处理命令(如 define、include)。用户可以使用预定义标识符作为用户标识符使用,编译时系统不会提示出错,但会失去原始的含义,最终导致结果出错。

3. 用户自定义标识符

由用户根据需要定义的标识符称为用户自定义标识符。它除了要遵循标识符的命名规则外,还应注意做到"顾名思义",即选择具有相关含义的英文单词或汉语拼音作为用户标识符,如 student、age、area、PI 等,以增加程序的可读性。为了避免出现错误,用户自定义标识符不要与关键字和预定义标识符同名。

2.2.2　常量

常量是在程序运行过程中其值不能改变的量,有整型常量、浮点型(实型)常量、字符常量、字符串常量和符号常量 5 种。由于前面 4 种常量在后面几节会作详细说明,在此仅列举几个实例。

(1) 整型常量,如 12、98、-45。

(2) 实型常量,如 9.8、-1.23、0.5。

(3) 字符常量,如'A'、'd'、'+'。

(4) 字符串常量,如"abc"、"Hello"。

(5) 符号常量。

符号常量相当于给某个常量起了个名字,一般会定义成一个有实际意义的名称。其好处是给常量赋予了一个有意义的名称,增强了程序的可读性,同时,如果常量发生变化,编译之前可以做到一改全改。和其他常量一样,在程序运行过程中,符号常量的值是不能修改的。C 语言定义符号常量的方法是在所有函数体之外进行专门定义的,在定义之后才能使用。定义符号常量的一般格式为:

```
#define  符号常量名  常量
```

例如:

```
#define  PI  3.14159
```

该命令定义了符号常量 PI,它表示常数 3.14159。

2.2.3　变量

变量是在程序运行过程中其值可以改变的量。变量有两个要素:变量名和变量值。每个变量都必须有一个名字,称为变量名。变量命名应遵循标识符命名规则。在程序运行过程中,变量值存储在内存中,通过变量名来引用变量的值。

1. 变量的定义和使用

在 C 语言中，要求对所有用到的变量，必须先定义后使用。一般在定义变量的同时，会对变量进行赋初值的操作，称为变量初始化。

变量定义的一般格式为：

数据类型　变量名 1[=初值 1][, 变量名 2[=初值 2]…]

例如：

```
int a, b=3;
float    radius = 2.5, area;
```

2. 常变量

C99 标准中新增了常变量类型，用关键字 const 来指示，其作用是限制所定义的变量值不能被修改。有时也将 const 称为类型修饰符，编译程序时把这类变量放入只读区域。常变量定义的一般格式为：

const 数据类型　变量名 1[=初值 1][, 变量名 2[=初值 2]…]

例如：

const int x=5;

表示定义了整型变量 x，赋初值为 5，并限制在程序运行过程中修改 x 的值。

常变量从本质上来看，还是一个变量，只是值不允许被修改。特别在函数的参数传递中，对变量的值起到一定的保护作用。

2.3　整型数据

2.3.1　整型常量

整型常量即整数，在 C 语言中只能表示 3 种进制的整数。

(1) 十进制整数：以非 0 开头的数，如 123、−97、+100 等。

(2) 八进制整数：以 0 开头的数，如 031、067 等。

(3) 十六进制整数：以 0X 或 0x 开头的数，如 0X5FA、0x12345 等。

另外，可在整型常数后面添加一个 L 或 1 字母，其作用是强制性地用长整型数来表示，如 45L、067L、0xAF9l 等。

注意：

C 语言中不能直接表示二进制数。如果需要用到二进制数，可以先将它转换成八进制或十六进制数。

2.3.2　整型变量

1. 整型变量的分类

整型变量分基本型、短整型和长整型 3 种，分别用 int、short int 和 long int 作为类型说明符(后面两种类型说明符中的 int 可以省略)。不同类型的整型变量在内存中占用的存储长度不同，在 Visual C++ 6.0 中，short int 型在内存中占 2 个字节，int 型和 long int 型在内存中占 4 个字节。

2. 整型变量的定义和使用

整型变量定义的一般格式为：

整型变量类型符　变量名表;

【例 2.1】定义两个整型变量表示矩形的长和宽，计算矩形的面积。

```c
#include "stdio.h"
int main( )
{
    int length, width, area;
    length = 5;
    width = 8;
    area = length * width;
    printf("矩形的面积为%d。\n ", area);
    return 0;
}
```

【运行结果】

矩形的面积为 40。

【说明】先定义 3 个变量，分别表示矩形的长、宽和面积，计算出面积后用 printf 函数输出。

2.4　实型数据

2.4.1　实型常量

实型常量也称为实数，它只有十进制一种类型，但有两种不同的表示形式。

(1) 小数形式。由数字、小数点以及必要的正负号组成，如 1.23、-6.45、-98.56、0.0、0.345、.23(小数点前的 0 可省略)等。

(2) 指数形式。这种形式类似于科学计数法。将形如 $a \times 10^b$ 的数值表示成以下形式：

$a\mathbf{E}b$　　或　　aeb

　　其中，a、E(或 e)、b 任何一部分都不能省略，且 b 一定要是整数。例如，123.45 可以表示成 1.2345e2，-0.056 可以表示成-0.56E1，但诸如 e-3、2.5E3.4 等表示都是错误的。

2.4.2　实型变量

　　实型变量又称为浮点型变量。按照存储数值的精度，实型变量可分为单精度实型、双精度实型和长双精度实型 3 类，分别用 float、double 和 long double 来说明。通常 float 型用 4 个字节存储，double 型用 8 个字节存储，long double 型用 16 个字节存储。

　　实型变量定义的一般格式为：

实型变量类型符　变量名表;

　　例如：

```
float a, f = 3.14;        //a 和 f 被定义成实型变量，f 被赋值为 3.14
double   b;               //b 被定义成双精度实型变量
```

　　【例 2.2】定义一个实型变量表示圆的半径，计算圆的面积。

```
#include "stdio.h"
#define PI 3.14159
int main( )
{
    float BanJing, MianJi;    //定义存储圆的半径和面积的变量
    BanJing = 2.35;
    MianJi = PI * BanJing * BanJing;        //计算面积
    printf("圆的面积为%f。\n ", MianJi);
    return 0;
}
```

　　【运行结果】

圆的面积为 17.349430。

　　【说明】先定义 2 个变量，分别表示圆的半径和面积，计算出面积后用 printf 函数输出。注意这里变量的命名，只要确保可读性，用汉语拼音也是可以的。

2.5　字符型数据

2.5.1　字符常量

　　字符常量是用两个英文单引号限定的 1 个字符，如'k'、'A'、'+'、'#'等。1 个字符常量占 1 个字节的存储空间，在相应存储单元中存放该字符的 ASCII 码，即一个整数值。

C 语言还引入了一种特殊形式的字符常量，用以进行一些特定表示，这就是以 "\" 开头的转义字符常量，如 "\n"。常用的转义字符形式及其功能如表 2-1 所示。

表 2-1　常用转义字符形式及其功能

转 义 字 符	功　能
\n	换行，将光标移到下一行开头
\t	水平跳格，跳到下一个制表位
\b	退格，将光标移到前一列
\r	回车，将光标移到本行开头
\\	反斜杠字符 "\"
\'	单引号字符'
\"	双引号字符"
\ddd	八进制数表示的 ASCII 码对应的字符
\xhh	十六进制数表示的 ASCII 码对应的字符

2.5.2　字符串常量

字符串常量是用英文双引号限定的一个字符序列，这个字符序列包括的字符个数称为字符串的长度，其长度允许为 0。例如：

"Hello world"　　　　长度为 11

""　　　　　　　　　长度为 0，因为双引号内没有字符

" "　　　　　　　　　长度为 1，空格也算 1 个字符

每个字符串都占用一段连续的存储单元，每个字符占 1 个字节，系统会自动在每个字符串的尾部增加一个结束标志'\0'，这个结束标志是一个特殊的字符，因此字符串所占用的存储空间是字符串长度加 1。

字符串常量和字符常量是不同的量，它们之间主要有以下区别：

(1) 字符常量由单引号括起来，字符串常量由双引号括起来。

(2) 字符常量只能是单个字符，字符串常量则可以含一个或多个字符。

(3) 可把一个字符常量赋予一个字符变量，但不能把一个字符串常量赋值给一个字符变量。在 C 语言中没有相应的字符串变量，这与 Basic 等其他高级语言不同，但可以用一个字符数组来存放一个字符串，这方面的内容将在第 6 章中予以介绍。

(4) 字符常量占一个字节的内存空间。字符串常量占的内存字节数等于字符串中字符数加 1。增加的一个字节中存放字符'\0'(ASCII 码为 0)。这是字符串结束的标志。

例如，字符串"Hello"在内存中存储情况如图 2-2 所示。

图 2-2　字符串在内存中存储情况

其中，每个格子表示一个存储单元，占用一个字节，可以存放一个字符，最后一个字节存放字符'\0'，表示该字符串结束。

2.5.3　字符型变量

每个字符型变量只能存储 1 个字符，占用 1 个字节。在这个字节中存储的是字符的 ASCII 码，它是一个 8 位的整型数。例如，当一个字符型变量存储字符"A"时，实际上存储的是"A"的 ASCII 码值 65。

字符型变量定义的一般格式为：

字符型变量类型符　变量名表;

例如：

char ch = 'b';　　　　　//定义了一个字符型变量 ch，并将它初始化为'b'

【例 2.3】将大写字母转换为对应的小写字母。

```
#include "stdio.h"
int main( )
{
    char c1, c2;        //定义两个字符型变量
    c1 = '\x41';        //字符 A
    c2 = 'B';
    c1 = c1 + 32;       //转换为大写
    c2 = c2 + 32;
    printf("c1 和 c2 分别为：%c, %c。\n ", c1, c2);
    printf("c1 和 c2 的 ASCII 码分别为：%d, %d。\n ", c1, c2);
    return 0;
}
```

【运行结果】

c1 和 c2 分别为：a, b。
c1 和 c2 的 ASCII 码分别为：97, 98。

【分析】先定义两个变量，分别赋值为两个大写字母，经过简单的变换，得到相应的小写字母的 ASCII 码值，最后用 printf 函数输出。

注意：

字符数据在存储器中是以 ASCII 码来表示的，因此在输出时可以按整数格式输出，在表达式求值时还可以当成整数参与运算。

2.6　算术运算符与算术表达式

2.6.1　算术运算符

C 语言中，算术运算符有 5 个，它们的具体含义如表 2-2 所示。

表 2-2　C 语言中的算术运算符及含义

运　算　符	使 用 形 式	含　　义
＋	单目或双目运算符	单目运算表示正号，双目运算表示加法运算
－	单目或双目运算符	单目运算表示减号，双目运算表示减法运算
*	双目运算符	乘法运算
/	双目运算符	除法运算
%	双目运算符	取模运算(求余数)

算术运算符的使用有以下规则：

(1) ＋、－、*、/ 运算符的运算数可为任何整型或浮点型的常量、变量、有返回值的函数及其表达式。

(2) 正如在数学中除法运算的除数不能为 0 一样，在 x/y 中，表达式 y 的取值也不能为 0，否则将出现错误。

(3) %运算符要求运算数必须是整型，且%后面的运算数不能为 0，结果的符号要与第一个运算数相同。例如：

```
3 % 5          结果为 3
-17 % 5        结果为-2
20 % 10        结果为 0
```

(4) 当双目运算符的两个运算数的类型相同时，它们的运算结果的类型与运算数类型相同。例如：

```
17.5 + 2.5     结果为浮点型 20.0
16/7           结果为整型 2，小数部分被省去
16/5.0         结果为浮点型 3.2
```

(5) 当双目运算符的两个运算数的类型不同时，运算前遵循类型的一般转换规则将运算数自动转换成相同的类型，运算结果的类型与转换后的运算数的类型相同。例如：

```
15.5 + 5
```

上式中，由于操作数 15.5 的类型为浮点型，所以，运算前要先将整型数 5 转换成浮点型数 5.0，然后进行运算，结果为浮点型数 20.5。

【例 2.4】算术运算示例程序。

```c
#include "stdio.h"
int main()
{
    int x,y;
    float x1,y1;
    x=15;
    y=6;
    x1=15.0;
    y1=6.0;
    printf("x=%d,y=%d\n",x,y);
    printf("x+y=%d\n",x+y);
    printf("x-y=%d\n",x-y);
    printf("x*y=%d\n",x*y);
    printf("x/y=%d…%d\n",x/y,x%y);
    printf("x1/y1=%f\n",x1/y1);
    return 0;
}
```

【运行结果】

```
x=15,y=6
x+y=21
x-y=9
x*y=90
x/y=2…3
x1/y1=2.500000
```

　　【分析】先定义两个整型变量和两个实型变量，分别测试 5 种运算，并用 printf 函数输出计算结果。注意分析 5 种运算的结果是如何得出的。

2.6.2　算术表达式

　　由算术运算符和运算对象构成的表达式称为算术表达式。圆括号()允许出现在任何表达式中，单一的常量或变量是表达式的特例。例如：

```
478
-a*(x+y-0.12)+25%6
(a+b)/c+sin(x)
sqrt(b*b-4*a*c)
```

　　其中，sin()和 sqrt()是 C 语言提供的两个标准库函数，用于完成数学上的正弦运算和平方根运算。

　　在进行算术表达式求值时，应特别注意运算符的计算顺序及类型转换规则。运算符的计算顺序是由表达式中运算符的优先级和结合性决定的。有关各种运算符的优先级和结合性的具体设置可以参考附录 C。

运算符的优先级是指不同运算符在表达式中的计算顺序。算术运算的优先顺序是单目减号最高，其次是乘法、除法、求余运算，最后是加法、减法运算。有括号时，括号的优先级别最高。

运算符在表达式中不但存在优先级问题，还存在结合性问题，也就是说，如果某个运算数的两边运算符的优先级别相同，就要考虑到底是先跟左边还是先跟右边的运算符进行运算。在 C 语言中，为了避免这种不确定性，给每个运算符设置了结合方向，这就是运算符的结合性。一般来说，单目、三目和赋值运算符的结合方向是自右至左的，其他运算符的结合方向是自左至右的。

例如，在表达式 3*5%6 中，运算量 5 的前后是优先级相同的两个运算符，不同的结合方式会使表达式具有不同的值，可见运算符的结合性是很重要的。由于算术运算符*和/的结合性是自左至右的，表达式 3*5%6 的值为 3，是确定的。

【例 2.5】分析下列表达式的求值过程：

-x/(y+1.8)-15%9*16

这是一个运算符的优先级和结合性在表达式求值中的应用问题。求值过程如下：

① 求-x 的值。

② 求 y+1.8 的值。

③ 求①/②的值。

④ 求15%9的值。

⑤ 求④*16的值。

⑥ 求③-⑤的值。

2.6.3　数据类型转换

在表达式中，字符型、整型和浮点型数据可以在同一表达式中混合使用，C 语言编译系统会按照一定的准则自动进行类型转换。在下列 3 种情况下就会进行自动类型转换：

(1) 当双目运算符的两个运算数结果的类型不相同且进行算术运算时。

(2) 当一个值赋予一个不同类型的变量时。

(3) 函数调用中，当实参与形参类型不同时。

在本节中仅介绍前两种转换，函数调用转换将在本书的后面部分介绍。另外，在 C 语言中，还可以进行强制类型转换。

1. 算术运算时的自动类型转换

算术运算时的自动类型转换的基本规则可描述为：双目运算符的两个运算数中，值域较窄的类型向值域较宽的类型转换。值域就是类型所能表示的值的最大范围。算术转换遵循的转换方向如图 2-3 所示。

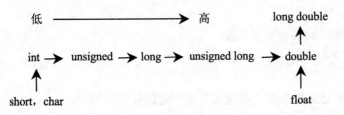

图 2-3　算术类型转换示意图

要注意以下 3 点：

(1) 表达式中的有符号和无符号字符以及短整型一律被转换为整型。如果 int 类型能表示原来类型的值，则转换成 int 类型，否则转换成 unsigned 类型。

(2) 当一个运算数为 long 类型，另一个为 unsigned 类型时，如果 long 能表示 unsigned 的全部值，则将 unsigned 转换成 long，否则将两个运算数都转换为 unsigned long。

(3) 当两个运算数中值域较宽的类型是 float 类型时，不再将 float 和另一运算数转换成 double 类型。

下面举例说明算术转换的过程。例如图 2-4 所示，float f=3.6; int n=6; long k=21;

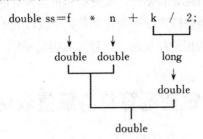

图 2-4　算术类型转换过程

计算 ss 时，首先将 f(float 型)和 n(int 型)转换成 double 型数，通过计算得到它们的积为 21.6，再计算 k/2 得整除运算结果 10(long 型)，并将 long 型的数字 10 转换成 double 型数 10.0，然后将 21.6(double 型)和 10.0(double 型)两个数相加，得到最后结果 31.6(double 型)。

2. 赋值运算时的自动类型转换

赋值转换将右值表达式结果的类型转换成左值表达式的数据类型。赋值转换具有强制性，它不受算术转换规则的约束，转换结果的类型完全由左值表达式的类型决定。例如：

```
int i,j;
float m;
```

则表达式 i = m * j 的类型转换过程为：赋值运算符右侧的表达式的值为 float 类型，经过赋值转换变成 int 类型，所以赋值表达式的值为 int 类型。

3. 强制类型转换

强制类型转换是靠强制类型转换运算符来实现数据类型转换的，因此强制类型转换也叫做显式转换，而自动类型转换也叫做隐式转换。强制类型转换是人为的，自动类型转换是自动的。强制类型转换在效果上和赋值转换相同，它们的转换方向都不受算术转换规则的约束。

　　强制类型转换表达式的一般形式为：

(类型名) 表达式

它的作用是将表达式转换成"类型名"所指定的类型。例如：

float m,n;

　　(int) m 将变量 m 的值转换成 int 类型，表达式的值为 int 类型。

　　(int) m + n 表达式的结果为 float 类型，因为圆括号运算符"()"的优先级高于加法运算符"+"，所以表达式只对变量 m 进行了强制类型转换，然后进行自动类型转换，将运算符"+"左边表达式的值转换成 float 类型，然后再和变量 n 相加，所以表达式的结果为float 类型。

　　(int)(m + n) 表达式的结果为 int 类型。

　　需要注意的是，无论自动类型转换还是强制类型转换，都只是将变量或常量的值的类型进行暂时的转换，用于参与运算和操作，而变量和常量本身的类型和数值并没有改变。无论自动类型转换还是强制类型转换，如果是把数据长度较长的类型转换成数据长度较短的类型，那么将截去被转换数据的超长部分，导致数据的精度降低。

2.7　赋值运算符与赋值表达式

2.7.1　赋值运算符

1. 基本赋值运算符

　　基本赋值运算符"="是一个双目运算符，它的一般形式为：

左值表达式 =右值表达式

　　在基本赋值表达式中，左值表达式一般为变量名。它的功能是首先计算右值表达式的值(如果需要计算的话)，然后将右值表达式的值赋给左值表达式对应的存储单元。两个表达式结果的数据类型可以不同，但是，在进行赋值操作前，将右值表达式结果值的类型自动转换成左值表达式的类型，然后再将值赋给左值表达式所在的存储单元。例如：

```
int i,j;
char m,n;
float x,y;
double z;
j =i;        //i 和 j 的类型相同，无须转换，直接将 i 的值赋给 j
i =m;        //m 由 char 型向 int 型转换，将转换后的值赋给 i
z =x * i;    //x * i 的结果为 float 型，将其转换成 double 型，然后赋值给 z
```

i =m <n;　//m <n 的结果为整型，无须转换，直接将值赋给 i
i =j =10;　//这是一个多重赋值表达式，赋值运算符按从右至左结合，即相当于 i =(j =10)，先将 10
　　　　　赋给 j,而括号中的赋值表达式(j =10)的值就是赋值后的 y 的值，再将其赋给 i

注意：

多重赋值表达式不能出现在变量定义中，例如 int i = j =10;是不合法的。

2. 复合赋值运算符

在赋值运算符 "=" 前加上其他运算符，便构成了复合赋值运算符。C 语言中的复合赋值运算符共有 10 种：+=、-=、*=、/=、%=、&=、|=、∧=、<<=、>>=。如果用标记符 op 代表加在 "=" 之前的运算符，则复合赋值运算符可表示为 "op="。

复合赋值表达式的形式为：

左值表达式　op=　右值表达式

该表达式等价于

左值表达式 = 左值表达式 op 右值表达式

例如：

i +=j 等价于 i =i + j
x * =y -5 等价于 x =x * (y -5)
m <<=2 等价于 m =m<<2

2.7.2　赋值表达式

由赋值运算符将一个变量和一个表达式连接起来的式子称为赋值表达式。它的一般形式为：

变量　赋值运算符　表达式

赋值表达式的作用是将一个表达式的值赋给一个变量，因此赋值表达式具有计算和赋值双重功能。例如，area = 3.14 * 2 * 2 是一个赋值表达式。其求解过程为：先计算赋值运算符右侧的表达式的值，然后将它赋给赋值表达式左侧的变量。

由于赋值表达式本身也是一个表达式，它应该有一个表达式的值，整个赋值表达式的值就是变量所赋得的值。因此，在上面的例子中，变量 area 获得的值是 12.56，整个赋值表达式的值也是 12.56。

再如，在赋值表达式 a = 3 + (b = 5)中，首先计算括号内的赋值表达式，变量 b 被赋值为 5，同时整个括号内的表达式的值也为 5，最后将 8 赋值给变量 a。

2.8　C 语言特有的运算符与表达式

2.8.1　自增(++)和自减(--)运算符

自增、自减运算符分别为++(自增)、--(自减)。

++和--是单目运算符，它的运算量一般是整型变量。++将运算量的值加 1，--将运算量的值减 1，结果类型与运算量的类型相同。

++和--分别都有两种不同的形式：前置式和后置式。运算符在运算量之前称为前置式，如++i、--i。运算符在运算量之后称为后置式，如 i++、i--。前置式和后置式在单独使用时没有什么差别，但是，当它与其他运算符结合在一个表达式中使用时，就有明显的区别。

(1) 前置运算是变量先自增 1 或自减 1 后，再参与其他的运算，即先变后用。例如：

```
x =0 ; y = --x +x;
```

结果为 x =-1，y =-2。因为语句 y =-- x + x 可以用 "x = x -1;y = x;" 两条语句来代替。

(2) 后置运算是该变量先以原来的值参加其他运算，然后再自增 1 或自减 1，即先用后变。例如：

```
x =10 ; y =x ++ +x;
```

结果为 x =11，y =20。因为在语句 y =x ++ +x 中使用的是后置式，先用后变，即先将 x + x 的值赋给 y，然后再自增。可以用 "y = x + x ; x = x +1;" 两条语句来代替。

(3) 自增、自减运算符只能作用于变量，不能用于常量和表达式。例如：

```
9 ++;        //出错
(i + j)++;    //出错
```

因为 9 是常量，不可能改变它的值，且表达式在内存中是不分配存储空间的，所以(i + j)增 1 后的结果值没有地方存放，因此在编译时将出错。

【例 2.6】自增、自减运算符运算的程序。

```c
#include <stdio.h>
int main( )
{
    int x,y;
    x =0;
    y =10;
    //变量 x 先输出值,再自增,变量 y 先自增,再输出值
    printf("x =%d , y =%d \n", x++, --y);
    printf("x =%d , y =%d \n", x , y);
    return 0;
}
```

【运行结果】

```
x =0 , y =9
x =1 , y =9
```

2.8.2 逗号(,)运算符及其表达式

逗号运算符是双目运算符，用它可以构成逗号表达式。其结构为：

表达式 1, 表达式 2, 表达式 3, …… , 表达式 n

逗号运算符的每个表达式的求值是分开进行的，对逗号运算符的表达式不进行类型转换。运算过程为：先求表达式 1 的值，然后再求表达式 2 的值，依次计算下去，最后表达式 n 的值也就是该逗号表达式的值。例如：

```
int b, a = 10;
b = a ++, a % 3;
```

先求表达式 1 的值，结果为 10，同时计算 a++，此时 a 的值为 11，然后求表达式 2 的值，由于在计算表达式 2 之前，变量 a 的自增运算已经完成，因而表达式 2 的值为 2。这样，整个逗号表达式的值为 2。

2.8.3 条件运算符(? :)及其表达式

条件运算符是 C 语言中唯一的一个三目运算符，由条件运算符可以构成条件表达式。它的格式为：

表达式 1? 表达式 2：表达式 3

它的操作过程是：判断表达式 1 的值，如果为非 0 值，则求解表达式 2 的值，并将其作为该条件表达式的值；如果表达式 1 的值为 0，则求解表达式 3 的值，并将其作为该条件表达式的值。例如：

```
int a, b;
(a >b) ? a : b
```

当 a > b 成立时，条件表达式的值为 a，否则，条件表达式的结果为 b。

```
(a ==b) ? 0 : (( a >b ) ? -1 : 1)
```

这是一个嵌套的条件表达式，先算内层的条件表达式，再算外层的条件表达式。当 a = b 时，内层条件表达式的值为 1，外层条件表达式的值为 0，所以整个条件表达式的值为 0。同理，当 a < b 时，整个条件表达式的值为 1；当 a > b 时，整个条件表达式的值为-1。

【例 2.7】条件运算符使用的程序。

```
#include <stdio.h>
int main()
{
    int a, b, c;
```

```
    a = 10;
    b = -5;
    c = b > 0 ? a + b : a - b;
        //当 b>0 时，c 的值等于 a + b;当 b <0 时，c 的值等于 a - b
    printf("a =%d, b =%d, a + |b| = %d \n", a, b, c);
    return 0;
}
```

【运行结果】

a =10, b =-5, a + |b| = 15

2.9 小　结

1. 标识符的命名规则

C 语言中的标识符只能由字母、数字和下划线组成，且第一个字符不能为数字，字母区分大小写。

2. 常量的分类

常量分为整型常量、实型常量、字符常量、字符串常量、符号常量 5 种。

3. 整型常量

整型常量有十进制、八进制、十六进制三种表示形式，没有二进制形式。八进制整型常量加前导数字 0，后面由 0~7 构成；十六进制常量加前导 0X 或 0x，后面由 0~9、A~F(或 a~f)构成。

4. 实型常量

实型常量有两种表示形式：小数形式和指数形式。指数形式要求 E 前必有数，E 后必为整数。

5. 字符型数据

字符型数据包括字符常量和字符变量，在计算机中占 1 个字节的存储空间。计算机处理时把字符型数据当作等值的整型 ASCII 码进行存储和运算。

6. 算术运算符

算术运算符共有+、-、*、/、% 5 种。求余运算符"%"要求运算对象均为整型数据，其他运算符的运算对象可以为任意数据类型。

7. 强制类型转换

可以将一个运算对象转换成指定的数据类型，格式为：(类型名)表达式。

8. 赋值运算符

赋值运算符为"="，赋值运算是把赋值运算符右边表达式的值赋给左边变量。所以，赋值运算符左边必须为变量或存储单元，也不同于关系运算中的等于运算符"=="。

9. 自增自减运算符

自增运算符"++"与自减运算符"--"是单目运算符，运算对象必须是变量。自增自减运算分前缀运算和后缀运算，它们所对应的表达式的值是有区别的，如 j=i++;等价于 j=i;i=i+1;而 j=++i;等价于 i=i+1;j=i;。

10. 逗号运算符

逗号运算符运算优先级最低，可将多个表达式构成一个新的表达式。整个逗号表达式的值等于最后一个表达式的值。

2.10　习　　题

1. 以下标识符中，合法的用户标识符是(　　)。

   A. A#C　　　　　　　B. scanf　　　　　　C. void　　　　　　D. ab*

2. 下列选项中，可以作为字符串常量的是(　　)。

   A. ABC　　　　　　B. 'abc'　　　　　　C. "ABC"　　　　　　D. 'a'

3. 假设 x 和 y 为 double 型变量，则表达式 x=2, y=x+3/2 的值是(　　)。

   A. 3.500000　　　　B. 3　　　　　　　C. 2.000000　　　　D. 3.000000

4. 若 ch 为 char 型变量，k 为 int 型变量(已知字符 a 的 ASCII 码是 97)，则执行下列语句后的输出结果为(　　)。

```
ch = 'a';    k=12;
printf("%x,%o,",ch, k);
printf("k=%%d\n", k);
```

   A. 因变量类型与格式描述符的类型不匹配，输出无定值

   B. 输出项与格式描述符个数不一致，输出为 0 或不定值

   C. 61，14，k=%d

   D. 61，14，k=%12

5. 设 int　a = 12，则执行完语句 a+=a-=a*a 后，a 的值是_____。

6. 若有定义：int k, i=2, j=4;则表达式 k=(++i)*(j--)的值是_____。

7. 若 k 为 int 型变量，则以下语句的输出结果为_____。

```
k=-8567;
printf("|%06D|\n",k);
```

8. 编写一个程序，在不使用中间变量的情况下，实现两个整型数据的交换。

第3章　顺序结构程序设计

C 语言具有结构化程序设计的特点，第一种基本结构就是顺序结构。顺序结构是程序设计中最简单、最基本的结构。由于一个实际的程序包含一条或若干条语句，根据顺序结构的特点，对整个程序的执行顺序是按照构成程序的语句出现的顺序，从上至下进行顺序执行。

比较典型的顺序结构所组成的程序基本上由数据定义(由声明部分组成)和数据操作(由语句来实现)两部分组成：数据定义包括数据结构定义或对数据赋初值，数据操作的任务是对其提供的数据进行加工，主要包含数据输入、数据输出和赋值操作。

本章将重点介绍顺序结构和支持数据输入和输出操作的系统库函数。

本章应掌握的内容
- 顺序结构的特点
- 格式输入/输出函数
- 字符输入/输出函数
- 顺序结构程序设计

3.1　数据的输入和输出

对一个程序来说，数据的输入和输出是非常必要的。如果没有数据的输入，所处理的函数只能固定地写在程序里。若想改变数据，必须通过修改源程序才能实现，给用户带来不便；如果没有数据的输出，用户没法了解程序的运行结果，或无法对程序的正确与否进行验证。因此，输入与输出是用户与程序间交互的通道。把从计算机的外部设备(如键盘、磁盘等)上的数据送入到计算机内部的操作则称为"输入"；把数据从计算机的内部送到计算机的外部设备(如显示器、打印机、磁盘等)上的操作称为"输出"。

C 语言本身不提供输入和输出的语句，在程序中，数据的输入和输出操作都是通过对标准函数库的调用来完成的。C 语言的函数库提供了许多输入和输出函数。其中最基本的输入/输出函数有 scanf()函数、printf()函数以及字符的输入/输出函数：getchar()函数、putchar()函数等。由于 scanf()、printf()、getchar()、putchar()其函数原型均在头文件<stdio.h>中，故在编写程序时，要把相应的头文件包含进去，详细的函数原型可参阅附录 D。

3.1.1　格式输出函数

printf()函数称为格式输出函数，其函数名最后一个字母 f 即表示"格式(format)"之意。所谓格式输出，就是指按照用户的需求对输出的数据做相应的描述和修饰。用户可以利用该函数对数据的输出形态、排列顺序、所占位置大小及对数据的修订进行控制，同时也可以对输出的数据添加一些字符说明。

1. printf()函数调用的一般格式

```
printf("格式控制",输出列表);
```

其中，"格式控制"是使用双引号括起来的字符串，也称"格式控制字符串"，用于指定输出格式，它包括格式说明和普通字符两类。这里的格式说明是以%开头的字符串，在%后面紧跟各种格式字符以说明输出数据的类型、形式、长度、小数位数等，如%d、%f 的作用是将输出的数据转换成指定的格式输出。对于普通字符，执行时原样输出，一般只起提示作用，如在 printf()函数中双引号内的逗号、空格和换行符等。普通字符可以根据需要来使用，不是必须项。

"输出列表"由各输出项组成，各输出项之间用逗号","分隔，输出项可以是任意合法的表达式。例如：

```
printf("%d    %d",a,b);
printf("a=%d    b=%f",a,b);
```

在第 2 个 printf()函数中双引号括起来的字符串除了%d 和%f 以外，还有非格式说明的普通字符，它们原样输出。如果 a、b 的值分别为 4、8，则输出为：

```
a=4    b=8.000000
```

引号中的内容为"a=4   b=8"则是普通字符，原样输出。

a,b 是输出列表，包括两个输出项，它们之间用","隔开。有时 printf()函数可以无输出列表，只有格式控制字符串。例如：

```
printf("welcome to the C");
```

运行后在屏幕上直接输出 welcome to the C。

2. 格式字符

在数据输出时，针对不同类型的数据要使用不同的格式字符。

格式说明的一般形式：　%[<修饰符>]格式字符，其中<修饰符>部分可以省略，用户可以根据需要选择。常用的格式字符如表 3-1 所示，常用的修饰符如表 3-2 所示。

表 3-1　printf()函数常用的格式字符

类　　型	格式字符	输 出 形 式
整型	d	输出十进制形式的带符号整数(正数不输出符号)
	o	输出八进制形式无符号整数(不输出前缀 0)
	x 或 X	输出十六进制无符号整数(不输出前缀 Ox 或 0X)
	u	输出十进制形式无符号整数
实型	f	以小数形式输出单、双精度实数，默认的小数位数为 6 位
	e、E	以指数形式输出单、双精度实数，数字部分默认为 6 位
	g、G	以%f 或%e 中较短的输出宽度输出单、双精度实数
字符型	c	输出单个字符(不输出单引号')
	s	输出字符串(不输出双引号")

表 3-2　printf()函数常使用的修饰符

字　　符	使 用 说 明
l	加在 d、o、x、u 的前面表明数据是以长整型的形式输出
m	规定输出数据所占用的宽度，默认数据为右对齐
.n	对实数表示输出 n 位小数，对字符串，表示输出其前 n 个字符
-	输出的数据在给定区域内左对齐

说明：m,n 均为正整数。

3. 整型数据的输出

(1) d 格式符

① %d：按照十进制整型数据的实际长度输出，正数的"+"号不输出。例如：

```
int m=56;
printf("%d",m);
```

则输出的结果为：54

② %md：m 为输出数据的宽度。如果输出项的实际位数小于 m 值，则以右对齐，不够的位数以左补空格凑齐；若输出项的实际位数大于 m，则按照数据的实际位数输出。例如：

```
int a=321,b=54321;
printf("%5d,%4d",a,b);
```

则输出的结果为：□□321,54321

【说明】□表示一个空格位，题意要求输出项 a 占 5 个字符宽度，实际只需占 3 个字符宽度，故左补两个空格；要求输出项 b 占 4 个字符宽度，而实际需要占 5 个字符宽度，故按照实际的位数输出。

③ %ld：输出长整型数据。例如：

```
long a=245635;
printf("a=%ld",a);
```

则输出结果为：a=245635

此例中不能使用%d输出，因为在 Visual C++的编译环境下，长整型数据的范围是$-2^{31}\sim$ $(2^{31}-1)$，短整型数据范围是$-2^{15}\sim(2^{15}-1)$。所以超出短整型范围的数可以选择用%ld 格式输出。对长整型数据也可指定输出数据宽度，方法与%md 相同。由于整型(int) 数据的范围也是$-2^{31}\sim(2^{31}-1)$，所以 int 型数据可以用%d 或%ld 格式输出。

(2) o 格式符

o 格式符表示数据以八进制的形式输出，数值不带符号，即将符号位也作为八进制的一部分输出。

【例 3.1】将一个整数分别以十进制、八进制格式输出。

```
#include <stdio.h>
int main()
{   int b=-1;
    printf("%d,%o",b,b);
    return 0;
}
```

【运行结果】

-1,37777777777

【说明】由于数据在内存中是以二进制补码形式存放的，整型在内存是 4 个字节，共有 32 位，则-1 在内存中的存放形式(以补码的形式为):

1	1111111111111111111111111111111

对长整型整数(long 型)也可用%lo 格式输出，同样也可指定输出数据宽度，如%mo，其方法与%md 类似。例如：

```
printf("%13o",b,);
```

输出为：

□□337777777777

(3) x 格式符

数据以十六进制的形式输出，数值不带符号，即将符号位也作为十六进制的一部分输出。

【例 3.2】将一个整数分别以十进制、八进制、十六进制的格式输出。

```
#include <stdio.h>
```

```
int main()
{   int b=-1;
    printf("%d,%o,%x\n",b,b,b);
    return 0;
}
```

【运行结果】

-1,37777777777，ffffffff

【说明】输出结果也可用%lx 格式输出长整型数，也可指定输出数据宽度，如%mx，方法与%md 类似。

(4) u 格式符

对 unsigned 型的数据一般使用%u 格式输出，表示以无符号十进制形式输出。一个有符号整数(int 型)可以用%u 格式输出，反之一个无符号整数(unsigned 型)可以用%d 格式输出。无符号整数(unsigned 型)还可以%o 或%x 格式输出。

【例 3.3】将整数分别以十进制、八进制、十六进制、无符号整数的格式输出。

```
#include <stdio.h>
int main()
{   unsigned int a=65535;
    int b=-1;
    printf("a=%d,(0)%o,(0x)%x,%u\n", a,a,a,a);
    printf("b=%d,(0)%o,(0x)%x,%u\n", b,b,b,b);
    return 0;
}
```

【运行结果】

a=65535,(0)177777,(0x)ffff,65535
b=-1, (0)37777777777,(0x)ffffffff,4294967295

4. 实型数据的输出

(1) f格式符。f格式符用来输出实数(单精度、双精度)，以小数形式输出。有以下几种形式：

① %f 用来表示输出的实数，是以小数的形式输出。虽没指定输出数据位数的宽度。由于系统自动约定，整数部分全部输出，并输出 6 位小数。尤其要注意的是，输出的数字并非全部都是有效数字，一般来说，单精度实数的有效位数为 7，而双精度实数的有效位数为 16 位，给出小数都是 6 位。

【例 3.4】输出实数的有效位数。

```
#include <stdio.h>
int main()
```

```
{    float y=564123.41111;
     printf("y=%f\n",y);
     return 0;
}
```

【运行结果】

y=564123.437500

【说明】只有前 7 位为有效数字，后面的 5 位是无意义的。所以不要想当然地认为计算机输出的数据都是正确的。

【例 3.5】输出双精度数的有效位数。

```
#include <stdio.h>
int main()
{    double y=1234567891234.41111543;
     printf("y=%f\n",y);
     return 0;
}
```

【运行结果】

y=1234567891234.411100

【说明】因双精度型数据有效位数一般为 16 位，给出小数 6 位，所以最后 3 位(100)没有意义。

② %m.nf 指定输出的数据共占的位数为 m，其中有 n 位小数，如果数值的位数小于 m，则左端补空格。

③ %-m.nf 与%m.nf 基本相同，不同之处是使输出的数值向左端靠，不够的位数右端补空格。

【例 3.6】根据不同的要求输出相应的实数。

```
#include <stdio.h>
int main()
{    int a=5432;
     float b=173.426;
     printf("%8d,%2d\n",a,a);
     printf("%f,%8f,%8.2f,%.2f,%-8.2f\n",b,b,b,b,b);
     return 0;
}
```

【运行结果】

　□□□□5432,5432
173.425995,173.425995,□□173.43,173.43,173.43

【说明】b 的值应为 173.426，但实际输出为 173.425995，这主要是由于实数在内存中的存储误差引起的，并且以%f 形式要求小数点后有 6 位。

(2) e 格式符。e 格式符表示以指数形式输出实数，有如下几种形式：

① %e 不指定输出数据所占的宽度和数字部分的小数位数，在 VC++编译环境中系统自动指定给出数字部分的小数位数为 6 位，指数部分占 5 位(e+003)，其中 e 占 1 位，指数符号占 1 位，指数占 3 位，输出的实数共占 13 列宽度(注：不同系统的规定略有不同)，数据按照规范化指数形式输出，即小数点前有且仅有 1 位非零数字。

【例 3.7】将一实数以指数的形式输出。

```
#include <stdio.h>
int main()
{   float a=3211.123;
    printf("%e\n",a);
    return 0;
}
```

【运行结果】

```
3.211123e+003
```

【说明】输出的实数共占 13 列宽，其中小数位数(3.211123)占 8 列，指数部分(e+003)占 5 列。

② %m.ne 和%-m.ne，其中 m、n 和 "-" 字符的意义和前相同，这里 n 表示输出数据小数点后的小数位数。

【例 3.8】将一实数以指数的形式输出。

```
#include <stdio.h>
int main()
{   float f=173.426;
    printf("%e,%10e,%10.2e,%.2e,%-10.2e\n",f,f,f,f,f);
    return 0;
}
```

【运行结果】

```
1.734260e+002,1.734260e+002,□1.73e+002,1.73e+002,1.73e+002□
```

【说明】第 2 个数据按照%10e 格式输出，指定了 m 的值，但未对 n 的值进行限定，此时系统默认 n=6，整个数据长为 13 列，超出 10 列，这种情况则按实际长度输出；第 3 个数据要求输出共占 10 列，小数部分 2 列，输出的数据实际值占 9 列，则左补一个空格位；第 4 个数据按%.2e 格式输出，只限定小数部分 2 列，系统自动使 m 的值等于数据实际占的列数为 9；第 5 个数据要求输出共占 10 列，小数部分 2 列，输出的数据实际值占 9 列，数据输出格式符%-10.2e，则右补一个空格位。

注意:

不同系统的输出格式与此略有不同。

③ g 格式符同样用来输出实数,它可以根据数值的大小,自动选 f 格式或 g 格式(选择输出数据所占列宽较小的一种,且不输出无意义的零)。

【例 3.9】将一实数以指数或 g 形式输出。

```
#include <stdio.h>
int main()
{    float a=173.426;
     printf("%f,%e,%g,\n",a,a,a);
     return 0;
}
```

【运行结果】

173.425995,1.734260e+002,173.426□□□

【说明】用%f 格式输出占 10 列,用%e 格式输出默认的是 13 列,用%g 格式时,系统自动从上述两种中选出输出数据所占列宽较小者,本例中选 10 列,故以%f 格式输出。由于%g 格式不输出无意义的 0,所以输出为 173.426,然后右补三个空格位。一般情况下,%g 格式用得较少。

5. 字符型数据的输出

(1) %c 格式。%c 格式表示输出的是一个字符型数据,在输出的同时可以指定输出数据所占的列宽及对齐方式。

【例 3.10】将一字符以字符形式输出。

```
#include <stdio.h>
int main()
{    char ch='B';
     printf("ch=%c,%-6c,%4c\n",ch,ch,ch);
     return 0;
}
```

【运行结果】

ch=B,B□□□□□,□□□B

【说明】%c 表示按照实际形式输出字符变量 ch 的值;%-6c 表示输出要有 6 列宽,对齐方式是左对齐,不够列宽右补空格位;%4c 表示输出要有 4 列宽,对齐方式是右对齐,不够列宽左补空格位。

字符型数据也可以用%d 来输出 char 型常量或变量的值,输出的结果为其所对应的 ASCII 码值。

【例 3.11】输出一字符对应的 ASCII 码值。

```
#include <stdio.h>
int main()
{   char ch='B';
    printf("%c,(ASCII)%d\n",ch,ch);
    printf("%c\n",69);
    return 0;
}
```

【运行结果】

```
B,(ASCII)66
E
```

【说明】在 ANSI C(参阅附录 A)中的字符，若其 ASCII 值在 0～255 间，也可用格式控制%d 输出，系统将字符型转换成整型数据，输出其对应的 ASCII 值。如%d 输出字母 B 时，输出结果为 66；用%c 输出整数 69 时，输出结果为字母 E。

(2) %s 格式。%s 格式表示输出的是字符串，在输出的同时可以指定输出数据所占的列宽及对齐方式。在实际操作过程中，要想比较方便地控制输出格式，或者为了输出字符数组中字符串内容时，最好采用格式控制%s。例如：

```
printf("%s,%-10s,%12s\n","wuhan","china","yangtz");
```

输出结果为：

```
wuhan,china□□□□□, □□□□□□□yangtz
```

【说明】%s 表示按照实际形式输出字符串；%-10s 表示输出要有 10 列宽，对齐方式是左对齐，不够列宽右补空格位；%12s 表示输出要有 12 列宽，对齐方式是右对齐，不够列宽左补空格位。

同样也可指定输出字符串的前几个字符，格式为在%和格式字符 s 间标注一个前面带有小数点的正数，也可同时指定输出的列宽、输出字符个数和输出时的对齐方式。例如：

```
printf("%-8.3s,%.4s\n","wuhan","china");
```

输出结果为：

```
wuh□□□□□,chin
```

【说明】上例中%-8.3s 表示以 8 列宽的形式输出字符串 wuhan 的前 3 个字符 wuh，对齐方式左对齐，不够的位数右补空格；%.4s 表示输出字符串 china 的前 4 个字符 chin。

有关字符串的操作，可参考第 6.2 节的相关内容。

在使用 printf()函数时，还应该注意以下几点：

(1) 一般格式说明与输出项之间应该遵循"三一致原则：数目相等、顺序对应、类型一致"，若出现不匹配，容易导致输出结果出错。

(2) 若格式说明少于输出项，系统对多余的输出项不予以输出，但若格式说明多于输出项，则会导致无意义的输出。

(3) 注意根据出现的位置，正确区分格式控制中的普通字符与格式字符，每个%号后面出现的第一个 d、o、x、u、f、e、g、c、s 字符为格式字符，其他的为普通字符。

(4) 如果要输出字符%，则应该在格式控制字符串中用连续的两个%表示。例如：

```
printf("%f%%,40");
```

输出结果为：

```
40%
```

(5) 格式符 x、e、g 可以采用大写 X、E、G，则对应的数据中若有英文字母的就以大写的形式输出。例如：

```
printf("%X,%E\n",77,0.3223);
```

输出结果为：

```
4D,3.223000E-001
```

注意：

在不同的系统或环境中，输出的结果可能会不同。

3.1.2 格式输入函数

scanf()函数称为格式输入函数，即按用户指定的格式从标准输入设备(键盘) 读取输入的信息。它从标准输入设备(键盘) 读取输入的信息。可以读入任何基本类型的数据并自动把数值变换成适当的机内格式。

scanf()函数的一般格式为：

```
scanf("格式控制",地址列表);
```

其中，"格式控制"的作用与 printf()函数相同，但不能在屏幕上显示非格式字符串，也就是不能显示提示字符串。表 3-3 列出了 scanf()函数中经常用到的格式字符，表 3-4 列出了 scanf()函数中经常用到的修饰符。"地址列表"是由若干个地址组成的表列，表示各变量的地址或字符串的首地址。地址是由地址运算符 "&" 后跟变量名组成。例如：

```
scanf("%d%d",&a,&b);
```

表 3-3 scanf()函数中常用到的格式字符

格 式 字 符	输 入 形 式
d	输入有符号十进制整数
o	输入无符号八进制形式整数
x 或 X	输入无符号十六进制整数
u	输入无符号十进制形式整数

(续表)

格 式 字 符	输 入 形 式
f	输入实数，可以任意选用小数形式或者指数形式
e、E、g、G	与 f 作用相同，e、f、g 可以互相替换
c	输入单个字符
s	输入字符串（可将字符串送到一个字符数组中），字符串以串结束标志 "\0" 作为其最后一个字符

表 3-4　scanf()函数常使用的修饰符

字　　符	使 用 说 明
l	输入 long 型整数，在 d、o、x、u 的前面加 l(%ld,%lo,%lx,%lu)或输入 double 型数据(%lf,%le)
h	输入短整型数据在 d、o、x 的前面加 h(%hd,%ho,%hx)
m	规定输入数据所占用的宽度(列宽)，默认数据为右对齐
*	表示本输入项在读入后不赋给相应的变量

其中，&a,&b 中的&是取地址运算符，&a 表示变量所占内存的首地址。该语句的作用为：从终端以%d%d 格式输入两个整数，将两整数分别按顺序存放到变量 a,b 所对应的内存单元中去。也可理解为，给变量 a,b 输入相应的数值。注意，在此千万不能把取地址符&忘掉。注意变量的地址和变量值的关系。例如：

```
a=567;    // a 为变量名，567 是变量的值。
```

注意：

在赋值表达式中给变量赋值时，左边是变量名不能写地址；scanf()函数在本质上也是给变量赋值，但要求写变量的地址，如&a。这两者在形式上是不同的。

【例 3.12】scanf()函数的应用。

```c
#include <stdio.h>
int main()
{   int a,b;
    printf("input a b:\n");
    scanf("%d%d",&a,&b);
    printf("a=%d,b=%d\n",a,b);
    return 0;
}
```

【说明】由于 scanf()函数本身不能显示提示串，故先用 printf 语句在屏幕上输出提示，请用户输入 a、b 的值。执行 scanf 语句，进入用户屏幕等待用户输入。用户输入 3 4 按下回车键，此时，系统又将返回系统屏幕。在 scanf 语句的格式串中由于没有非格式字符在

%d%d 之间作输入时的间隔，因此在输入时要用一个以上的空格、回车键或 Tab 键作为两个输入数之间的间隔。

在【例 3.12】程序运行时，若要使 a 的值为 1，b 的值为 3，可通过以下几种输入方式进行输入。

① 1　3✓　　　　　　　　//两个数间以空格键作为分隔符

② 1✓　　　　　　　　　　//两个数间以回车键作为分隔符

　3✓

③ 1□□□□□□□□3✓ //两个数间以 Tab 键作为分隔符，一个 Tab 键占 8 个制表格

格式控制的一般形式为：

%[*][输入数据宽度][长度]类型

其中有方括号[]的项为可选项。各项的意义说明如下。

(1) 类型：表示输入数据的类型，其格式符和意义如表 3-3 所示。

(2) 抑制字符"*"：表示虽然输入该项，但读入后不赋予任何的变量，即跳过该输入值。例如：

```
scanf("%3d,%*2d,%3d",&a,&b);
printf("a=%d,b=%d\n",a,b);
```

键盘输入：

123,45,789✓

输出结果为：a=123,b=789

在此过程中，系统将 123 赋给整型变量 a，%*2d 读入两位整数 45 但不赋给任何变量，然后再读入 3 位整数 789 赋给整型变量 b，也就是说，第二个整数 45 被跳过了。为此若要利用现成的一串数据，可以利用此"跳过"法选择地选用所需的数据。

(3) 宽度：用十进制整数指定输入的宽度(数据所占的列宽)。例如，

```
scanf("%5d",&b);
```

键盘输入：

87654321

此时只前五位 87654 赋予变量 b，其余部分(321)被截掉。又如：

```
scanf("%4d%4d",&a,&b);
```

键盘输入：

98745361

结果只将把前四位 9874 赋予 a，而把后四位 5361 赋予 b。此方法也适用于字符型数

据，例如：

```
scanf("%4c ",&ch);
```

键盘输入：

```
WESD
```

由于%c 表示的是字符型，只能接收一个字符，此时系统只把第一个字符 W 赋给字符变量 ch。

(4) 长度：长度格式符为 l 和 h，l 表示输入长整型数据(如%ld)和双精度浮点数(如%lf)。h 表示输入短整型数据。

使用 scanf()函数还必须注意以下几点：

① scanf()函数中没有精度控制，如 scanf("%5.2f",&a);是非法的。不能企图用此语句输入小数为 2 位的实数。假如输入 12356✓，则 b 的值不会等于 123.56。

② scanf()函数的"格式控制"后面要求给出变量地址，若只给出变量名则会出错。如 scanf("%d",a);是非法的，应改为 scnaf("%d",&a);才是合法的。

③ 在输入多个数值数据时，若格式控制中没有非格式字符作输入数据之间的间隔则可用空格、Tab 或回车作间隔。

④ 如在"格式控制"字符串中除了格式说明以外还有其他字符(非格式符)，则在输入数据时，在对应位置处输入这些非格式符。例如：

```
scanf("%d,%d,%d",&a,&b,&c);
```

其中用非格式符"，"作间隔符，故输入时应在数据间输入逗号为：5,6,7✓
输入的格式字符串中若有普通字符则原样输入。例如：

```
scanf("a=%d,b=%d,c=%d",&a,&b,&c);
```

则输入应为：

```
a=5,b=6,c=7✓
```

在使%c 格式进行输入字符数据时，若格式控制串中无非格式字符，则认为所有输入的字符均为有效字符。例如：

```
scanf("%c%c%c",&a,&b,&c);
```

输入为：

```
m□n□h✓    (□表示空格符)
```

系统则把'm'赋予 a, '□' 赋予 b, 'n'赋予 c。只有当输入为 mnh 时，才能把'm'赋于 a, 'n' 赋予 b, 'h'赋予 c。

如果在格式控制中加入空格作为间隔。 例如：

```
scanf ("%c %c %c",&a,&b,&c);
```

则输入时各数据之间可加空格。

(5) 输入数据时，若在以下几种情况可认为输入数据结束。

① 遇空格或按"回车"(Enter)或"跳格"(Tab)键。

② 指定了输入数据的列宽，且输入数据的格式是正确的，通过给定的列宽决定输入数据是否结束；

③ 在碰到数据的非法字符时认为该数据结束。

例如：

```
scanf("%d",&a);
```

若输入：

```
30B        //出现非法字符：B
```

系统则将 30 读入送给变量 a。

一般情况下，scanf()函数的格式描述应尽可能地简单，这样可以使数据输入的操作也相对简单，降低出错的可能性。

3.1.3　字符输入、输出函数

通过标准的输入/输出设备，用于单个字符数据输入和输出的函数分别为 getchar()和 putchar()。这两个函数属于无格式输入、输出，即输入和输出是按照系统所给的固定格式进行的，用户不能进行其他的修饰和描述。

1. 字符输出函数

字符输出函数 putchar()的一般格式为：

```
putchar( );
```

putchar()函数的作用是在终端上输出一个字符。

putchar(c)函数将它所带参数 c 的值送到终端，参数可以是 char 型变量、常量或表达式，或 0～255 间的整型数据。

putchar()函数的一些常用的使用形式如下(若有 char ch;)：

● putchar(ch);将 ch 的值输出到终端。

● putchar('B');将字符 B 输出到终端。

● putchar('\101');将字符 A 输出到终端。

● putchar('\n');在终端产生一回车换行的控制行为。

● putchar(67);以 67 作为 ASCII 码，将对应的字符 C 输出到终端。

● putchar('B'+1);将表达式的值作为 ASCII 码，将对应的字符 C 输出到终端。

● putchar('\'');输出单撇号字符 '。

● putchar(getchar());将 getchar 函数输入的字符输出到终点。

【例 3.13】输出单个字符。

```c
#include <stdio.h>
int main()
{   int  c;
    char  a;
    c=69; a='F';
    putchar(c);
    putchar('\n');
    putchar(a);
    putchar('\n');
    return 0;
}
```

【运行结果】

```
E✓
F
```

【说明】putchar(c);的作用是输出一个字符；putchar('\n')的作用是输出一个换行符，使输出的位置移到下一行的开头。

2. 字符输入函数

字符输入函数 getchar()的一般格式为：

```
getchar( );
```

getchar()函数的作用是从终端上输入一个字符，函数返回的值是输入字符的 ASCII 码值。

getchar()函数的一些常用的使用形式如下(若有 char ch;)：

- ch=getchar( );从终端输入一字符并赋给 ch。
- ch=getchar( )-32;从终端输入一字符参加计算，然后将值赋给 ch。
- printf("ch=%c\n",getchar( ));将从终端输入的字符又立即输出。

【例 3.14】使用 getchar()函数接收键盘输入字符。

```c
#include <stdio.h>
int main()
{   char a;
    a=getchar();      //键盘输入字符，并按 Enter 键，字符被送到内存
    putchar(a);       //输出变量 a 的值
    putchar('\n');
    return 0;
}
```

【运行结果】

```
g✓
g
```

【说明】当程序运行到语句 a=getchar()时，将等待键盘输入字符，若输入字符并按回车键后，则系统确认本次输入结束，并将输入的字符赋给变量 a。

注意：

getchar()函数只能接收一个字符，但可以把由 getchar()函数接收的字符赋给一个字符变量或整型变量，也可以不赋给任何变量而作为运算分量继续使用。例如：

```
putchar(getchar());
```

该语句可以等价于：

```
ch=getchar();
putchar(ch);
```

也可以用 printf()函数实现将终端输入的字符立即输出。例如：

```
printf("ch=%c\n",getchar());
```

3.2　顺序结构程序设计

仅利用计算机语言中的赋值语句、输入/输出函数语句，编写解决某些问题的程序，就是顺序结构。简单地说，就是自上而下顺序执行。其格式：

```
语句 1;
语句 2;
语句 3;
......
语句 n;
```

程序执行时先执行语句 1，然后执行语句 2，接着执行语句 3，……最后执行语句 n。

一个简单的顺序结构程序一般包括两部分：

(1) 编译预处理命令。在程序编写过程中，若要使用标准的库函数，需要用编译预处理命令#include，将相应的头文件包含进来，对这部分的内容，前面章节有描述。

(2) 主函数。在主函数中包含顺序执行的各个语句，主要有以下几部分：

● 变量类型说明。

● 给变量提供数据，即输入已知数据(输入函数语句实现)或采用赋值形式给出已知量(赋值语句实现)。

● 按题目要求进行运算，如利用公式求出待求量(赋值语句实现)。

● 输出运算结果，即输出所求的待求量的值(输出函数语句实现)。

也可简单地概述其过程为：输入、处理或计算、输出。

下面介绍几个顺序结构程序设计的例子。

【例 3.15】输入三角形的三边长，求三角形的面积(假设输入的三边能够成一个三角形)。根据数学知识可以知道求三角形面积的公式为

$$area = \sqrt{s(s-a)(s-b)(s-c)} \qquad 式中 \quad s = (a+b+c)/2$$

【分析】已知三角形的三边，可利用数学中海伦公式求解三角形面积。计算时涉及开根号运算，即要调用平方根函数 sqrt()，故要包含<math.h>头文件；在通过键盘输入三个边长度 a、b、c 时，要求满足任意两边之和大于第三边。

【程序代码】

```
#include <stdio.h>
#include <math.h>
int   main()
{   int a,b,c;
    double   s ,area;
    printf("请输入三边长度(如 3,4,5):   ");     //注意要求逗号原样输入
    scanf("%d,%d,%d",&a,&b,&c);
    s=(a+b+c)/2.0;
    area=sqrt(s*(s-a)*(s-b)*(s-c));                //利用海伦公式计算三角形面积
    printf("a=%d,   b=%d,   c=%.2d,   s=%.2f \n",a,b,c,s);
    printf("此三角形面积为：%.2f\n",area);
    return 0;
}
```

【运行结果】

```
7,8,10✓
a=7,   b=8,   c=10,   s=12.50
此三角形面积为：27.81
```

【说明】在求解 $s=(a+b+c)/2$，由于涉及除法"/"运算，因此要注意表达式为 $s=(a+b+c)/2.0$ 与 $s=(a+b+c)/2$ 的区别，两者能否互换？

【例 3.16】求方程 $ax^2 + bx + c = 0$ 的根，a、b、c 的值由键盘输入，设 $b^2 - 4ac > 0$，且 $a \neq 0$。

【分析】一元二次方程的解为：

$$x_{1,2} = \frac{-b \pm \sqrt{b^2 - 4ac}}{2a}$$

令 $p = \dfrac{-b}{2a}$，$q = \dfrac{\sqrt{b^2 - 4ac}}{2a}$，则方程的两个解为 $x_1 = p+q$，$x_2 = p-q$；在通过键盘输入三个常系数 a、b、c 时，要求系数满足 $b^2 - 4ac > 0$，且 $a \neq 0$；需调用求平方根函数 sqrt()，故要包含<math.h>头文件。

【程序代码】

```
#include <stdio.h>
#include <math.h>
int    main()
{   float a,b,c,disc,x1,x2,p,q;
    printf("请输入方程系数 a,b,c\n");
    scanf("%f,%f,%f",&a,&b,&c);
    disc=b*b-4*a*c;
    p=-b/(2*a);
    q=(sqrt(disc))/(2*a);
    x1=p+q;
    x2=p-q;
    printf("\nx1=%8.4f ,x2=%8.4f\n",x1,x2);
    return 0;
}
```

【运行结果】

```
请输入方程系数 a,b,c 2,8,5↙
x1=-0.7753 ,x2=-3.2247
```

【说明】此程序要求在输入时满足 $b^2 - 4ac \geqslant 0$，且 $a \neq 0$，求出两个实数根。如果 $b^2 - 4ac < 0$，且 $a \neq 0$，方程的根如何求解；当输入的系数 a=0 时，又该如何处理？

【例 3.17】从键盘上输入一个小写字符，输出它的后继字母的大写字母，如输入'a'，则输出'B'。

【分析】利用 getchar()函数获取从键盘上输入的字符 'a'，赋给字符变量 ch1。经过运算将 ch1+1 赋给 ch2，再将 ch2 进行小写字母转换为大写字母的运算，最后将 ch2 输出为'B'。

【程序代码】

```
#include <stdio.h>
int main()
{    char ch1,ch2;
     printf("请输入一个小写字符：   ");
     ch1=getchar();         //接收一个字符
     ch2=ch1+1;
     ch2=ch2-32;           //小写字母转换为大写字母
     printf("%c 下一个字符对应的大写字符是：%c\n",ch1,ch2);
     return 0;
}
```

【运行结果】

```
请输入一个小写字符：a↙
a 下一个字符对应的大写字符是：B
```

【说明】程序中 ch2=ch1+1 是将输入的字符'a'往前移一位变成字符'b';ch2=ch2-32 是实现将小写字母转换为大写字母的运算，最后输出 ch2 为'B'。

3.3　小　　结

1. printf()函数

printf()函数是 C 语言提供的标准输出函数，它的作用是在终端设备(或系统隐含指定的输出设备)上按指定格式进行输出。

printf()函数的一般调用格式：

```
printf("格式控制",输出列表);
```

格式控制是用一对双引号括起来的，包含格式说明和原样信息。输出列表包含若干输出项。

2. printf()函数中格式说明

%d：表示数据以十进制整型输出。

%o：表示数据以八进制无符号整型输出。

%x：表示数据以十六进制整型输出。

%u：表示数据以十进制无符号整型输出。

%f：表示数据以单精度实型输出。

%e：表示数据以指数形式输出。

%c：表示数据是以字符型输出。

%s：表示数据以字符串的形式输出。

可在%和格式字符之间加一个数来控制数据所占的宽度和小数位数。

3. scanf()函数

scanf()函数是 C 语言提供的标准输入函数，它的作用是在终端设备(或系统隐含指定的输入设备)上输入数据。

scanf()函数的一般调用格式：

```
scanf("格式控制",地址列表);
```

格式控制是用双引号括起来的字符串，也称格式控制串。格式控制串的作用是指定输入时的数据转换格式，即格式转换说明。格式转换说明由"%"符号开始，其后是格式描述符。地址列表中的各输入项用逗号隔开，各输入项只能是合法的地址表达式，即在变量前加一个地址符号"&"。

当用键盘输入多个数据时，数据之间可用分隔符隔开。分隔符包括空格符、制表符和回车符。

4. getchar()函数

getchar()函数的作用是从标准输入设备(通常指键盘)上读入一个字符。
getchar()函数的一般调用形式为：

```
getchar();
```

getchar()函数本身没有参数，其函数值就是从输入设备得到的字符。

5. putchar()函数

putchar()函数的作用是把一个字符输出到标准输出设备上。
putchar()函数的一般调用形式为：

```
putchar(ch);
```

其中，ch 代表一个字符变量或一个整型变量，ch 也可以代表一个字符常量(包括转义字符常量)。

3.4　习　　　题

1. 以下程序的执行结果是(　　)。

```
#include   <stdio.h>
void   main( )
{   float   a=8.1415;
    printf("%6.0f \n",a);
}
```

　　A. 8.1415　　　　B. □□□□□8　C. □□□□8.　　D. □□□8.0

2. 以下程序的执行结果是(　　)。

```
#include   <stdio.h>
void   main( )
{   double    d=3.2;
    int x,y;
    x=2.2;
    y=(x+3.8)/6.0;
    printf("%d\n",d*y);
}
```

　　A. 3　　　　　　B. 3.2　　　　　　C. 0　　　　　　D. 3.09

3. 以下程序的执行结果是(　　)。

```
#include   <stdio.h>
```

```
void   main( )
{   int a=1234;
    printf("%2d,%6d\n",a,a);
}
```

A. 12，□□1234   B. 34，1234□□

C. 1234，□□1234   D. 提示出错，无结果

4. 以下程序的执行结果是(   )。

```
#include   <stdio.h>
void   main( )
{
    int m=32767,n=032767;
    printf("%d,%o\n",m,n);
}
```

A. 32767,32767   B. 32767,032767

C. 32767,77777   D. 32767,077777

5. 若 x 为 char 型变量，则以下程序段的输出结果是(   )。

```
#include   <stdio.h>
void   main( )
{
    char x='1';
    printf("%3c\n",x);
    printf("%2c%2c\n",x,x);
    printf("%1c%4c\n",x,x);
}
```

A. □1   B. □□1   C. □1   D. □1
   □11   □1□1   □11   □11
   1□□1   1□□□1   1□□1   1□□□1

6. 执行下列程序的输入：987□654□321↙，输出结果是(   )。

```
#include   <stdio.h>
void   main( )
{   char s[100];
    int c,i;
    scanf("%c ",&c);
    scanf("%d",&i);
    scanf("%s",&s);
    printf("%c,%d,%s \n",c,i,s);
}
```

A. 987,654,321   B. 9,654,321

C. 9,87,654,321   D. 9,87,654

7. 有输入语句：scanf("a=%d, b=%d, c=%d,",&a, &b,&c)，为使变量 a 的值为 3，b 的值为 5，c 的值为 7，从键盘上输入数据的正确格式是(　　)。

    A. 357✓　　　　　　　　　　　　B. 3,5,7✓

    C. a=3, b=3, c=7✓　　　　　　　D. a=3□b=3□c=7✓

8. 当接收用户输入的含空格的字符串时，应使用的函数是(　　)。

    A. scanf()　　　　　　　　　　　B. gets()

    C. getchar()　　　　　　　　　　D. getc()

9. 在 scanf()函数中要输入一个字符串，应采用格式符＿＿＿＿＿＿＿＿。

10. 有以下程序，输入 113456789✓，其输出结果是＿＿＿＿＿＿＿＿。

```c
#include  <stdio.h>
void    main( )
{   int a,b;
    float f;
    scanf("%2d%*2d%2d%f",&a,&b,&f);
    printf("%d,%d,%f\n",a,b,f);
}
```

11. 编写程序：当输入 3 个小写字母，要求输出其 ASCII 码及对应的大写字母。

第4章　选择结构程序设计

计算机在程序执行时，一般按照语句书写的顺序执行；但在实际应用中常常需要根据不同的情况进行不同的选择。结构化程序设计的第二种基本结构就是选择结构。选择结构就是要解决程序在若干个程序流向中，根据需要选择执行哪个流向的问题。

选择结构的引入，使程序拓宽了工作面，加强了程序处理复杂问题的能力。本章将重点讲述选择结构程序设计和选择结构控制语句：if 语句和 switch 语句。

本章应掌握的内容

- 选择结构的特点
- 关键字 if、else、switch、case、default、break、continue
- 关系运算符<、<=、>、>=、==、!=
- 逻辑运算符&&、‖、!
- 条件运算符? :
- switch 语句

4.1　关系运算符和关系表达式

在选择结构中，要根据条件作出判定，然后根据判定的结果来决定程序执行哪一个流向。在 C 语言中，有关条件的表示一般要用到关系表达式或逻辑表达式。在程序中经常需要比较两个量的大小关系，以决定程序下一步的工作。比较两个量的运算符称为关系运算符。关系运算的结果用逻辑值表示。简单地说，关系运算就是比较运算，即将两个数据值进行比较，判定两个数据是否满足给定的关系。若符合，结果为 true(真)，true 是不为 0 的任何值，返回值为 1；否则，结果为 false(假)，false 是 0，其返回值为 0。

4.1.1　关系运算符及其优先次序

关系运算符是用来比较大小的。C 语言提供了 6 种用于"比较运算"的关系运算符：<、<=、>、>=、==、!=。其中，<、<=、>、>=的优先级相同且为 6 级，==和!=的优先级相同且为 7 级，如表 4-1 所示。

表 4-1　关系运算符

运 算 符	名　　称	运 算 规 则	优 先 级	结 合 性	对 象 数 目
<	小于	条件满足则为真，结果为 1；否则为假、结果为 0	6	自左向右	双目
<=	小于或等于				
>	大于				
>=	大于或等于				
==	等于		7		
!=	不等于				

关系运算符都是双目运算符，其结合性均为左结合。关系运算符可以用来比较两个数值型数据的大小，也可以比较两个字符型数据的大小，只是字符型数据比较时要按照字符 ASCII 码值进行比较，实质上也是数值的比较。关系运算符的优先级低于算术运算符的优先级。例如：

```
c<a+b          等价于 c<(a+b)
a<b==c         等价于 (a<b)==c
a!=b<c         等价于 a!=(b<c)
a<b<c          等价于 (a<b)<c
```

例如，9>5>3 是否为正确的表达式？从数学的角度分析，答案是肯定的。但在 C 语言中，由于优先级一样，其结合方向从左到右，先计算 9>5 为真，结果为 1，接着再看 1>3，很显然结果为假。所以这个计算过程与原式在数学中的含义是不一样的，这一点要注意区分。相似的如 a<b<c、a>=b>=c 的表示。

4.1.2　关系表达式

用关系运算符将两个表达式连接起来的式子称为关系表达式。

关系表达式的一般形式为：

```
表达式　关系运算符　表达式
```

例如：

```
a<c-d
'a'+5>c
-i-5*j= =k+1
a= =b<c
```

都是合法的关系表达式。由于表达式也可以又是关系表达式，因此也允许出现嵌套的情况。例如：

```
a<(b<c)
a!=(b==c)
```

关系表达式的值是逻辑值，其值是"真"和"假"，用1和0表示。当一个关系表达式中同时出现算术运算符、赋值运算符、关系运算符时，必须按照先算术运算，再关系运算，最后赋值运算的顺序求整个表达式的值。例如 a=1,b=2,c=3，则运算案例如表 4-2 所示。

表 4-2　关系运算实例

表 达 式	值	求 值 运 算
b<c+1	1	先进行"+"运算，再进行"<"运算
a!=b==c-2	1	先进行"-"运算，再进行"!="运算，最后进行"=="运算
a<b<c	1	同级运算从左向右
a==b=c-1	0	先进行"-"运算，再进行"=="运算，最后进行"="运算

【例 4.1】关系表达式的应用。

```
#include   <stdio.h>
int main()
{    char c='m';
     int i=2,j=1,k=6;
     float x=3e+5,y=1.85;
     printf("%d,%d\n",'a'+7<c,-i-2*j<=k+1);
     printf("%d,%d\n",1<j<5,x-5.25<=x+y);
     printf("%d,%d\n",i+j==-2*j+k,k=j==i+9);
     return 0;
}
```

【运行结果】

```
1,1
1,1
0,0
```

【说明】在本例中求各种关系运算符的值。字符变量参与比较时应以字符对应的 ASCII 码值进行比较。对于含多个关系运算符的表达式，如 k==j==i+9，根据运算符优先级，应先计算 i+9 的值为 11，然后再按照左结合性，先计算 k==j，该式不成立，其值为 0，再计算 0==i+9 即 0==11，也不成立，故表达式值为 0。

4.2　逻辑运算符和逻辑表达式

逻辑运算用于判断运算对象的逻辑关系，通常表示一些比较复杂的条件。逻辑运算的对象除了关系运算表达式外，可以是任何类型的数据，包括整型、实型、字符型等，以运算对象的值是零还是非零来判断它们是"真"或"假"。

4.2.1 逻辑运算符

C 语言中提供了三种逻辑运算符&&、||、!，具体如表 4-3 所示。

表 4-3 逻辑运算符

名　　称	逻 辑 非	逻 辑 与	逻 辑 或
运算符	!	&&	||
优先级	2	11	12
目　数	单目	双目	双目
结合性	从右自左	从左至右	从左至右

逻辑非 "!" 属于单目运算符，运算级别高于算术运算，只需有一个运算量，如!(a<b)；逻辑与 "&&" 和逻辑或 "||" 均为双目运算符，结合方向自左向右，运算级别低于关系运算符，要求有两个运算量，如 a&&b、a||b。

逻辑运算符和其他运算符优先级的关系可表示如图 4-1 所示。

图 4-1　优先级关系

按照运算符的优先顺序可以得出：

a<b && b>cd	等价于	(a<b)&&(b>c)
!b==a||d<c	等价于	((!b)==a)||(d<c)
a-b<c&&x+y>b	等价于	((a-b)<c)&&((x+y)>b)

逻辑运算的值为 "真" 和 "假" 两种，分别用 1 和 0 来表示。表 4-4 所示为逻辑运算的 "真值表"，用它描述当 a 和 b 的值为不同组合时，各种逻辑运算的值。

表 4-4　逻辑运算真值表

运算量 a	运算量 b	!a	!b	a&&b	a||b
真(非 0)	真(非 0)	0	0	1	1
真(非 0)	假(0)	0	1	0	1
假(0)	真(非 0)	1	0	0	1
假(0)	假(0)	1	1	0	0

逻辑运算的规则如下。

- 逻辑与运算&&：参与运算的两个量都为真时，结果才为真，否则为假。例如，8>2 && 5>1，由于 8>2 为真，5>1 也为真，相与的结果为真。
- 逻辑或运算||：参与运算的两个量只要有一个为真，结果就为真。两个量都为假时，结果为假。例如，8>2||5>8，由于 8>2 为真，相或的结果也就为真。
- 逻辑非运算!：参与运算量为真时，结果为假；参与运算量为假时，结果为真。

例如，!(8>2)的结果为假。

注意：

"!" 结合方向自右向左，例如若 a=5,!!a 的结果为 1，!!a 等价于!(!a)。

逻辑运算的优先顺序为! →&& →||。

4.2.2 逻辑表达式

用逻辑运算符将两个运算量(常量、变量或表达式)连接起来就构成逻辑表达式。逻辑表达式在程序中一般用在控制语句(if、for、while、do-while 等)中，对某些条件做判断，根据条件成立与否，决定程序的流程。参加逻辑运算的对象将非 0 作为"真"，将 0 作为"假"。逻辑表达式的一般形式为：

表达式 逻辑运算符 表达式

例如，int a=4,b=3,c=2,x=6,y=7，则逻辑表达式 (a>b)&&(a>c)的值为真，而逻辑表达式 (a==b)||(a==c)的值为假。

逻辑运算符的短路特性：

在 C 语言中，&&和||逻辑运算符具有短路特性，即在一个或多个&&连接的逻辑表达式中，只要有一个操作数为 0(逻辑假)，则停止后面的&&运算，因为此时已经可以判断逻辑表达式结果为假。而由一个或多个||连接的逻辑表达式中，只要遇到第一个操作数不为 0(逻辑真)，则停止后面的||运算，因为此时已经可以判断逻辑表达式结果为真。

例如，逻辑表达式(x=a>b)&&(y=c>d)，当 a=2,b=3,c=4,d=5,x=1,y=1 时，由于"a>b"的值为 0(逻辑假)，因此 x=0，这时&&后面的(y=c>d)就不需要再计算了，这样 y 的值仍然保持为 1。

例如，逻辑表达式(x=a+3>b)||(y++)|| ++ x，当 a=2,b=3,x=2,y=3 时，由于 a+3>b 的值为 1(逻辑真)，因此 x=1，这时||后面的(y++)和++ x 就不需要再计算了，这样 x 的值仍然保持为 1，y 的值仍然保持为 3。

4.2.3 逻辑表达式的应用

在进行程序设计时，为了能高效地解决实际问题，需要在对处理的问题进行认真的理解和分析的同时，能否灵活、巧妙地运用逻辑表达式也是解决问题的关键之一。熟练掌握 C 的关系运算符和逻辑运算符，可以处理一些实际问题。

例如，要判定三边是否构成一个三角形，可用下面的逻辑表达式表示：

(a+b>c)&&(b+c>a)&&(c+a>b)

又如，要判定某一年是否是闰年，判定闰年的方法有两种：(1)能被 4 整除，但不能被 100 整除；(2)能被 4 整除，又能被 400 整除。用 year 表示某一年。

(1) 可以用一个逻辑表达式来表示闰年的判别。

(year%4==0&&year%100！=0||year%400==0)

【说明】当 year 为整数时，若上述表达式值为真，则 year 为闰年；否则 year 为非闰年。

(2) 可以用下面的逻辑表达式进行非闰年的判别。

(year%4！=0&&year%100==0||year%400！=0)

【说明】若表达式的值为真，year 为非闰年。

(3) 也可以在判定闰年的条件下加个"！"来判别非闰年。

！(year%4==0&&year%100！=0||year%400==0)

【说明】若表达式的值为真，year 为非闰年。

4.3　if 语句和条件表达式

if 语句用来判断所给的条件是否满足，根据判断的结果决定执行某个分支程序段，实现对程序分支的控制。

4.3.1　if 语句的三种形式

在 C 语言中，if 语句有三种形式：单分支选择 if 语句、双分支选择 if 语句、多分支选择 if 语句。

1. 单分支选择 if 语句

单分支选择 if 语句形式如下：

if(表达式)　语句

其功能是：首先判定表达式的值，如果表达式的值为真，则执行表达式后面的语句；若表达式的值为假，直接执行 if 的下一条语句。其执行过程如图 4-2 所示。

【例 4.2】输入一个数，如果该数小于零，则输出其绝对值；若大于等于零，则不做任何处理。

图 4-2　if 语句单分支选择结构

```
#include <stdio.h>
#include <math.h>
int main()
{   int x;
    printf("\n input a number:      ");
    scanf("%d",&x);
    if(x<0)
    printf("x 的绝对值为：%d\n",abs(x));
    return 0;
}
```

【运行结果】

```
input a number:      -8
x 的绝对值为: 8
```

【说明】函数 abs()表示绝对值运算，属于数学库中的函数，故包含 math.h 头文件。

2. 双分支选择 if 语句

双分支选择 if 语句为 if-else，其语句结构形式如下：

```
if(表达式)
        语句 1;
    else
        语句 2;
```

其功能是：当表达式的值为真，则执行语句 1；当表达式的值为假，则执行语句 2。其执行过程如图 4-3 所示。

【例 4.3】输入两个数，比较其大小，将较大的数输出。

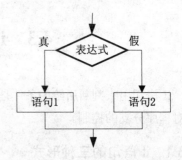

图 4-3   双分支选择结构

```
#include <stdio.h>
int main()
{   int x,y,max;
    printf("\n input two numbers:      ");
    scanf("%d%d",&x,&y);
    if (x>y)
        printf("max=%d\n",x);
    else
        printf("max=%d\n",y);
    return 0;
}
```

【运行结果】

```
input two numbers:    5    89
max=89
```

【说明】对输入的 x,y 进行大小比较，若 x 大，则输出 x，否则输出 y。

3. 多分支选择 if 语句

前面两种形式的 if 语句一般都用于两个分支的情况。当有多个分支的情况时，可采用 if-else-if 语句。其一般结构形式如下：

```
if(表达式 1)   语句 1;
else   if(表达式 2)   语句 2;
       else
        …
            if(表达式 m)   语句 m;
            else   语句 m+1;
```

其功能是：如果表达式 i 的值为非零，则执行语句 i，后面的语句不再执行；否则执行 else 后面的语句。如果所有的表达式均为假，则执行语句 m+1。其执行过程如图 4-4 所示。

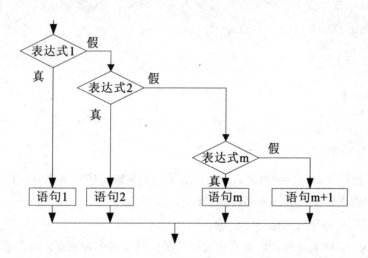

图 4-4　if-else-if 语句的执行流程

例如：

```
    if (price>1000)              index=0.20;
    else if (price >800)         index=0.15;
        else if (price >600)     index=0.10;
            else if (price >400) index=0.05;
                else             index=0;
```

【例 4.4】用 if 多分支语句编程实现，判断输入字符 ASCII 码所在的范围，分别给出不同的输出。例如输入为 K，输出显示它为大写字符。

【分析】这属于一个多分支选择的问题，由 ASCII 码表可知：ASCII 值小于 32 的为控制字符(详见附录 B)，0～9 之间为数字字符，A～Z 之间为大写字母，a～z 之间为小写字母，其余则为其他字符。

```c
#include  <stdio.h>
int main()
{  char c;
   printf("input a character:      ");
   c=getchar();
   if(c<32)
        printf("This is a control character\n");
   else if(c>='0'&&c<='9')
        printf("This is a digit\n");
   else if(c>='A'&&c<='Z')
        printf("This is a capital letter\n");
   else if(c>='a'&&c<='z')
        printf("This is a small letter\n");
   else
        printf("This is an other character\n");
   return 0;
}
```

【运行结果】

```
input a character:    s
This is a small letter
```

【说明】题目要求判别键盘输入字符的类型。根据输入字符 ASCII 码所属的范围，分别给出不同的输出。例如输入为 K，输出显示它为大写字符。

在使用 if 语句中还应注意以下问题。

(1) if 语句中，作为条件判定的表达式可以是任何类型的表达式，该表达式可以是逻辑表达式、关系表达式，也可以是其他表达式，如赋值表达式等。甚至也可以是一个变量或常量，若表达式的值为 0，按"假"处理；若表达式的值为非 0，按"真"处理。例如：

```c
if(5)    printf("welcome");
```

语句是合法的，程序执行后输出 welcome，因表达式的值为 5，则按"真"处理。例如：

```c
    if(a=b)
        printf("%d",a);
    else

        printf("a=0");
```

本语句是把 b 值赋值给 a，若为非 0 则输出 a 的值，否则输出 a=0 字符串。这种用法在程序中经常出现。

(2) if 语句中，条件判断表达式必须用括号括起来，在语句之后必须加分号。

(3) 若执行的语句块是由多条语句组成，必须用{}括起来组成一个复合语句。但要注意的是在"}"之后不能再加分号了。因为{}内是一个完整的复合语句，不需另加分号。例如：

```
if(a>b)
   {a++; b++;}
else
     {a=0; b=10;}
```

(4) if 语句三种形式的执行语句既可以是一条简单语句、一条空语句、一条复合语句，也可以嵌套其他流程控制语句。

4.3.2 if 语句的嵌套

在 if 语句中又包含一个或多个 if 语句称为 if 语句嵌套。其语句结构形式如下：

```
if(表达式 1)
     if(表达式 2)  语句 A
     else     语句 B
else
     if(表达式 3)  语句 C
     else      语句 D
```

其含义是：先计算表达式 1 的值，在表达式 1 的值为真的条件下，则计算表达式 2 的值，当表达式 2 的值为真，就执行语句 A，否则执行表达式 B；在表达式 1 的值为假的条件下，则计算表达式 3 的值，当表达式 3 的值为真，就执行语句 C，否则执行语句 D。

在使用 if 语句嵌套时应注意以下问题：

(1) 书写 if 语句多层嵌套时，为分清程序的结构，提高程序的可读性，一般要求在编辑源程序时，采用递缩格式。也就是每个内层分置语句向右缩进若干个字符位置，同一层内的语句行对齐。

(2) else 与 if 配对的原则：缺少{ }时，else 总是和离它上面的最近的一个未配对的 if 配对。如果忽略了 else 与 if 配对，将发生逻辑错误，导致程序运行结果出错。例如：

```
if(a>b)
     if (c<d) x=1;
else
     x=2;
```

则 else 与 if (c<d)相配对，而不与 if(a>b)相配对。

(3) 若不希望 else 与最近的 if 语句配对，可用花括号{ }把该语句括起来。例如：

```
if(a>b)
    { if (c<d) x=1; }
else
      x=2;
```

则 else 与 if(a>b)相配对，而不与 if (c<d) x=1;相配对。

【例 4.5】输入任意的一个数，当 x>0 时 y=1；当 x<0 时 y=-1；当 x=0 时 y=0；

【分析】从键盘输入一个数 x，根据 x 的值的大小，判定输出的 y 值是等于 1，或等于 0，或等于-1。可采用 if 的嵌套语句实现。

```
#include <stdio.h>
int main()
{    int x,y;
     printf("please input   x:      ");
     scanf("%d",&x);
     if(x>=0)
        {if( x==0)
            y=0;
              else
                y=1;
        }
     else
          y=-1;
     printf("x=%d,y=%d\n",x,y);
     return 0;
}
```

【运行结果】

```
please input   x:    8✓
x=8,y=1
```

【说明】在程序中，第 1 个 else 后的语句 y=1 是在满足第一个条件 x>=0 的基础上否定了第 2 个条件 x==0，表明 x>0，执行 y=1 语句，而第 2 个 else 则是否定了第 1 个条件 x>=0，即表明 x<0，执行 y=-1 语句。

4.3.3　条件表达式

C 语言中还提供了一个特殊的运算符——条件运算符 "?:"，它是 C 中唯一的一个三目运算符，即有三个参与运算的量。条件运算符的运算优先级为 12，自右向左结合(参见附录 C)。

由条件运算符组成的表达式称为条件表达式，其一般形式为：

表达式 1？ 表达式 2： 表达式 3

条件表达式求值规则为：当表达式 1 的值为真，计算表达式 2 的值作为整个条件表达式的值，否则以表达式 3 的值作为整个条件表达式的值。对整个条件表达式来说，表达式 1 起到条件判定的作用，根据它的值来决定是表达式 2 还是表达式 3 的值作为整个条件表达式的值。条件表达式通常用于赋值语句中。例如：

```
if(a<b)        min=a;
else           min=b;
```

可用条件表达式改写为：

```
min=(a<b)?a:b;
```

执行该语句的语义是：如果 a<b 为真，则 min=a，否则 min=b。

使用条件表达式时，还应注意以下几点：

(1) 条件运算符?和:是一对运算符，不能分开单独使用。

(2) 条件运算符的结合方向是自右至左。例如：

```
a>b?a:c>d?c:d
```

可理解为：

```
a>b?a:(c>d?c:d)
```

【例 4.6】输入一字符，判定它是否为小写字母，若是则把它转换为大写字母。

```
#include <stdio.h>
int main()
{    char ch1,ch2;
     printf("\n 输入一字符：    ");
     scanf("%c",&ch1);
     ch2=(ch1>='a'&& ch1<='z')?(ch1-32):ch1;
     printf("输出的字符为：%c\n",ch2); //ch1 为输入字符，ch2 为转换后的字符
     return 0;
}
```

【运行结果】

```
输入一字符：    a✓
输出的字符为：A
```

【说明】程序中条件表达式(ch1>='a'&& ch1<='z')?(ch1-32):ch 的作用：当输入的字符属于 a～z 时，条件表达式的值为(ch1-32)，32 是小写字母和大写字母 ASCII 码值的差值，即将小写字母转换为大写字母，输出大写字母；当输入的是大写字母或其他字符，条件表达式的值为 ch1，即输入的字符原样输出。

4.4　switch 语句

　　if 语句通常用来解决两个分支的情况，而实际问题常常需要进行多分支的选择，虽然可以通过 if 语句的嵌套来解决多分支的问题，但如果分支较多，则 if 的嵌套层次也较多，这样程序显得不够简洁，降低了程序的可读性。C 语言提供了一种用于多分支结构的选择语句——switch 语句。

　　switch 语句的一般形式为：

```
switch(表达式)
{
        case 常量表达式 1:    [语句组 1;] [break;]
        case 常量表达式 2:    [语句组 2;] [break;]
            …
        case 常量表达式 n:    [语句组 n;] [break;]
        [default :语句组 n+1;]
}
```

　　功能：先计算 switch 后面圆括号内表达式的值，并自上而下依次与每个 case 后的常量表达式进行比较。当表达式的值与某个 case 后面的常量相等，则执行该 case 后面的语句；当表达式的值与所有 case 后的常量表达式均不相等时，则执行 default 后的语句，如果没有 default 部分，则不执行 switch 语句中的任何语句，而直接执行 switch 语句后面的语句。

　　switch 语句执行流图如图 4-5 所示。

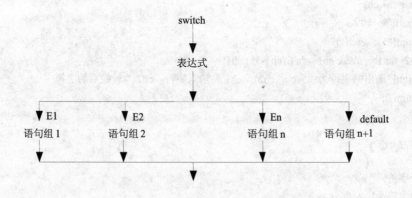

图 4-5　switch 语句执行流图

　　在使用 switch 语句时应注意以下几点：

　　(1) switch 后面圆括号内表达式可以为任意类型，但表达式的计算结果必须为整型或字符型，即 case 中的常量表达式 1 到 常量表达式 n 必须是整型常量或字符型常量。

　　(2) 每一个 case 的常量表达式的值必须不能相同，否则就会出现混乱的现象(对应表达式的同一值，有多种执行方案)。

　　(3) 在语句组 1～语句组 n+1 中，语句可省略，或为单语句，或为复合语句。若某个

case 后面允许有多条语句时，可以用{}括起来，也可以省略{}。

（4）允许多个 case 共用一组执行语句，例如：

```
…
case 2:
case 3:
case 4:
case 5:printf("Friday\n");break;
…
```

当 a 的值为 2、3 或 4 时都执行同一组语句。

（5）default 可省略，各个 case 和 default 的出现次序不影响程序运行结果。例如，可以先出现"default:…"，再出现"case 5: …"，然后是"case 2: …"。

【例 4.7】编程实现输入 1～7 之间的数字，输出每周所对应的一天星期几。

```c
#include <stdio.h>
int main()
{    int a;
     printf("请输入 1-7 间的数字：");
     scanf("%d",&a);
     switch (a)
     {    case 1:printf("Monday\n");
          case 2:printf("Tuesday\n");
          case 3:printf("Wednesday\n");
          case 4:printf("Thursday\n");
          case 5:printf("Friday\n");
          case 6:printf("Saturday\n");
          case 7:printf("Sunday\n");
          default:printf("Error\n");
     }
     return 0;
}
```

【运行结果】

```
请输入 1-7 间的数字：4
Thursday
Friday
Saturday
Sunday
Error
```

【说明】　当输入 a 的值为 4 时，执行了 case 4 后面的所有语句。这并不是我们所希望的结果。为了避免上述情况的发生，C 语言还提供了一种 break 语句，专用于跳出 switch 语句（详细内容参见 5.4 节)，使每一次执行之后均可跳出 switch 语句，从而避免输出不该

有的结果。可将上面的 switch 结构进行修改，即在每个 case 语句后加 break，【例 4.7】
改写：

```c
#include <stdio.h>
int main()
{   int a;
    printf("请输入 1-7 间的数字：");
    scanf("%d",&a);
    switch (a)
    {   case 1:printf("Monday\n"); break;
        case 2:printf("Tuesday\n"); break;
        case 3:printf("Wednesday\n"); break;
        case 4:printf("Thursday\n"); break;
        case 5:printf("Friday\n"); break;
        case 6:printf("Saturday\n"); break;
        case 7:printf("Sunday\n"); break;
        default:printf("Error\n");
    }
    return 0;
}
```

【说明】程序中最后一个分支(default)可以不加 break 语句。这时如果 a 的值等于 4，
找到匹配的入口标号，执行语句 "printf("Thursday\n"); break;"，跳出 switch 语句，所以只
输出 Thursday。

4.5　程序举例

【例 4.8】对方程 $ax^2 + bx + c = 0$ 求其根。

【分析】从代数知识可知：当 a 为零时，此方程不是二次方程；当 a 为非零时，方程
属于二次方程，若 $b^2 - 4ac > 0$，方程有两个不等的实数根；若 $b^2 - 4ac = 0$，有两个相等的
实数根；若 $b^2 - 4ac < 0$，有两个虚根。

【提示】

(1) 程序中要用到标准函数 fabs()求绝对值，sqrt()求平方根，故将头文件 math.h 包含
进来。

(2) 实数等于 0 的判别：程序中要判别 a，disc 的值是否为零，因为实数 0 在机器内存
储时有微小的误差，不能直接进行如下判定："(fabs(disc)= =0)"，往往采用判别 disc 的绝
对值是否小于一个非常接近 0 的实数(如 10^{-6})，这里巧妙地使用 fabs(disc)<=1e-6 来表示，
如果小于此数，就可认为 disc 趋近于 0。这种技巧在作实数判别时经常使用。

```c
#include   <stdio.h>
#include   <math.h>
int main()
{   float a,b,c,disc,x1,x2,real,image;
    printf("请输入方程系数 a,b,c:\n");
    scanf("%f,%f,%f",&a,&b,&c);
    printf("此方程");
    if (fabs(a)<=1e-6)              //判断 a 是否为 0
        printf("不是一元二次方程.\n");
    else
    {   disc=b*b-4*a*c;
        if(fabs(disc)<=1e-6)   //判断 disc 是否为 0
            printf("有两个相等的实根:%8.4f\n",-b/(2*a));
        else   if(disc>1e-6)         //判断 disc 是否大于 0
            {   x1=(-b+sqrt(disc))/(2*a);
                x2=(-b-sqrt(disc))/(2*a);
                printf("有两个实数根:%8.4f and %8.4f\n",x1,x2);
            }
            else                     //disc 小于 0
            {   real= -b/(2*a);
                image=sqrt(-disc)/(2*a);
                printf("有两个虚数根：\n");
                printf("%8.4f+%8.4fi\n",real,image);
                printf("%8.4f-%8.4fi\n",real,image);
            }
    }
    return 0;
}
```

【运行结果】

(1) 请输入方程的系数 a，b，c:
    0,4,5✓
此方程不是一元二次方程.
(2) 请输入方程的系数 a，b，c:
    2,4,1✓
此方程有两个实数根：-0.2929 and -1.7071.
(3) 请输入方程的系数 a，b，c:
    2,8,8✓ 此方程有两个相等的实根：-2.0000.
(4) 请输入方程的系数 a，b，c:
    3,4,5✓
此方程有两个虚数根：
  -0.6677+1.1055i
  -0.6677-1.1055i

【例 4.9】编程实现简单计算器功能，当用户输入运算数和四则运算符时，输出计算结果,若除数为 0，则不进行计算，输出"错误!除数为 0"。

【分析】利用 switch 语句用于判断运算符，然后输出运算值。当输入运算符不是+、-、*、/时给出错误提示。利用 if 语句判断输入的数作除数是否为 0，并做相应处理。

【程序代码】

```c
#include    <stdio.h>
#include    <math.h>
int main()
{   int    data1, data2;                    //定义两个操作数
    char   op;                              //定义运算符
    printf("请输入运算式  data1 op data2:");
    scanf("%d%c%d", &data1, &op, &data2);   //输入运算表达式
    switch (op)
    {   case '+':                           //处理加法
        printf("%d + %d = %d\n", data1, data2, data1 + data2);break;
        case '-':                           //处理减法
        printf("%d - %d = %d\n", data1, data2, data1 - data2);break;
        case '*':                           //处理乘法
        printf("%d * %d = %d\n", data1, data2, data1 * data2);break;
        case '/':                           //处理除法
        if (data2==0)
            printf("错误!除数为 0!\n");
        else
            printf("%d/%d = %d\n", data1, data2, data1/data2);break;
        default:   printf("Unknown operator! \n");
    }
    return 0;
}
```

【运行结果】

```
(1) 请输入运算式  data1 op data2：3+5↙
    3+5=8
(2) 请输入运算式  data1 op data2：3-5↙
    3-5=-2
(3) 请输入运算式  data1 op data2：3*5↙
    3*5=15
(4) 请输入运算式  data1 op data2：3/5↙
    3/5=0
(5) 请输入运算式  data1 op data2：3/0↙
    错误!除数为 0!
```

【例 4.10】编程实现，判定某一年份是否属于闰年。

```
#include   <stdio.h>
#include   <math.h>
int main()
{    int year, leap;
     printf("请输入一个年份:");
     scanf("%d",&year);
     if (year%4==0)
     {
          if (year%100==0)
          {
               if (year%400==0)
                    leap=1;
               else
                    leap=0;
          }
          else
               leap=1;
     }
     else   leap=0;
     if (leap)
          printf("%d is a leap year\n",year);
     else
          printf("%d is not a leap year\n",year);
     return 0;
}
```

【运行结果】

```
(1)  请输入一个年份:1987↙
     1987 is not a leap year
(2)  请输入一个年份:2000↙
     2000 is a leap year
```

【说明】可以将程序中第一个 if-else 结构用一个逻辑表达式进行替代，实现对闰年的判断：

```
if((year%4==0 &&year%100!=0)||(year%400==0))
      leap=1;
else
      leap=0;
```

也可将上述的 if 语句用下述的 if 语句来替代：

```
if (year%4!=0)
        leap=0;
else if(year%100!=0)
```

```
                leap=1;
        else if (year%400!=0)
                leap=0;
            else
                leap=1;
```

【例 4.11】编程实现，已知个人总收入，求应缴纳的税款。假设收入划分在表 4-5 中给出，计算不同收入所应缴纳的税款为多少。

表 4-5　收入与应缴纳税款变换表

收　　入	应缴所得税	income/400
0<income<1200	0	0 或 1 或 2
1200≤income<2000	income*15%-24	3 或 4
2000≤income<2800	income*19%-64	5 或 6
2800≤income<3600	income*28%-134	7 或 8
3600≤income<4000	income*35%-260	9
4000≤income	income*43%-420	>=10

【分析】税款折扣变化的规律性：缴纳税款的"变化点"都是 400 的倍数，因此可令 c 的值为 income/250。c 代表 400 的倍数。当 $0 \le c < 2$，不需缴税款；当 $3 \le c < 5$，tax=income*15%-24；当 $5 \le c < 7$，tax=income*19%-64；当 $7 \le c < 9$，tax=income*28%-134；当 c=9，tax=income*35%-260；当 $c \ge 10$，tax=income*43%-420。

```c
#include    <stdio.h>
#include    <math.h>
int main()
{   int income, c;
    float tax;
    printf("请输入您的收入:");
    scanf("%d",&income);
    c=income/400;
    switch(c)
    {   case 0:
        case 1:
        case 2: tax=0; break;
        case 3:
        case 4: tax=income*0.15-24; break;
        case 5:
        case 6: tax=income*0.19-64; break;
        case 7:
        case 8: tax=income*0.28-134;break;
        case 9: tax=income*0.35-260; break;
```

```
        default: tax=income*0.43-420; break;
    }
    printf("您的个人收入为%d,应交的税款为%.2f",income,tax);
    return 0;
}
```

【运行结果】

(1) 请输入您的收入:4560↙
您的个人收入为 4560 元,应交的税款为 1540.80 元
(2) 请输入您的收入:1800↙
您的个人收入为 1800 元,应交的税款为 246.00 元
(3) 请输入您的收入:1150↙
您的个人收入为 1150 元,应交的税款为 0.00 元

【说明】利用 switch 语句,实现多分支选择;可将收入范围做一个变换,使其转换成一个较小的、符合问题分布范围的整数,以便对应语句标号。具体的变换公式为:income/400 变换,转换结果为表 4-5 中最后一列。

4.6 小 结

1. 关系运算

C 语言提供 6 种关系运算符:<、>、<=、>=、==、!=。前四种运算符(<、>、<=、>=)的优先级相同,后两种的优先级也相同,并且前四种的优先级高于后两种。

关系运算符属于双目运算符,其结合方向为自左至右。

关系运算结果为 1 或 0,C 语言中没有逻辑值,可用非 0 表示逻辑真,用 0 表示逻辑假。

注意,a<b<c 表达式在 C 语言中可用(a<b)&&(b<c)来表示,&&表示逻辑与运算。

2. 逻辑运算

C 语言提供三种逻辑运算符:&&(逻辑与)、‖(逻辑或)、!(逻辑非)。其中前两种为双目运算符,第三种是单目运算符。运算符中的&&和‖运算符的优先级相同,!运算符的优先级高于前两个。注意短路现象,例如 a++‖b++,如果表达式 a++的值非零,则表达式 b++ 不再执行。

3. if 语句

在 C 语言中,if 语句的基本形式:

```
    形式 1: if(表达式)   语句;
    形式 2: if(表达式)   语句 1;
               else           语句 2;
```

if 语句执行时，首先计算紧跟在 if 后面一对圆括号中的表达式的值，如果表达式的值为非零("真")，则执行 if 后的"语句"，然后去执行 if 语句后的下一个语句。如果表达式的值为零("假")，直接执行 if 语句后的下一个语句。

if 语句后面的表达式并不限于是关系表达式或逻辑表达式，而可以是任意表达式。if 语句中可以再嵌套 if 语句。C 语言规定，在嵌套的 if 语句中，else 总是与离它最近的且没有与 else 匹配的 if 匹配。

4. 条件运算

C 语言中把 "?:" 称作条件运算符。条件运算符要求有三个运算对象，它是 C 语言中唯一的三目运算符，其优先级为 13。由条件运算符构成的条件表达式的一般形式为：

表达式 1 ? 表达式 2 : 表达式 3

当表达式 1 的值为非 0("真")时，整个表达式的值为表达式 2 的值，表达式 1 值为 0("假")时，整个表达式的值为表达式 3 的值。

口诀：真前假后。

5. switch 语句

switch 语句是用来处理多分支选择的一种语句。它的一般形式如下：

```
switch(表达式)
  { case  常量表达式 1:语句 1;
    case  常量表达式 2:语句 2;
         ⋮
    case  常量表达式 n:语句 n;
    default:语句 n+1;
  }
```

switch 语句的执行过程是：首先计算紧跟 switch 后面的一对圆括号中的表达式的值，当表达式的值与某一个 case 后面的常量表达式的值相等时，就执行此 case 后面的语句体并将流程转移到下一个 case 继续执行，直至 switch 语句的结束；若所有的 case 中的常量表达式的值都没有与表达式值匹配，又存在 default，则执行 default 后面的语句，直至 switch 语句结束；如果不存在 default，则跳过 switch 语句体，什么也不做。注意每条 case 后有没有 break 语句(第 5 章即将介绍)的区别。还要注意 switch 后小括号里面的表达式不能为实型，case 后表达式不能有变量。

口诀：switch 表不为实，case 表不为变。

4.7 习　题

1. 以下程序执行后输出结果是(　　)。

```c
#include <stdio.h>
void main()
{   int     i=1,j=1,k=2;
if((j++||k++)&&i++)
printf("%d,%d,%d\n",i,j,k);
}
```

　　A. 1,1,2　　　　　B. 2,2,1　　　　　C. 2,2,2　　　　D. 2,2,3

2. 以下程序的执行结果是(　　)。

```c
#include <stdio.h>
int    main( )
{   int a=5,b=4,c=3,d=2;
    if(a>b>c)
      printf("%d\n",d);
    else   if((c-1>=d) ==1)
            printf("%d\n",d+1);
        else
            printf("%d\n",d+2);
    return 0;
}
```

　　A. 4　　　　　　B. 3　　　　　　C. 2　　　　　　D. 编译时有错，无结果

3. 以下语句错误的是(　　)。

　A. if(x>y);

　B. if(x=y)&&(x!=0)　x+=y;

　C. if(x!=y) scanf("%d",&x); else scanf("%d",&y);

　D: if(x<y) {x++;y++};

4. 若执行以下程序时从键盘上输入 9，则输出结果是(　　)。

```c
void   main( )
{   int n;
    scanf("%d",&n);
    if(n++<10)   printf("%d\n",n);
    else   printf("%d\n",n--);
}
```

　　A. 11　　　　　B. 10　　　　　C. 9　　　　　　D. 8

5. 以下程序的执行结果是(　　)。

```
#include <stdio.h>
int main( )
{   int a=5,b=4,c=6,d;
    if(a>b)
      {d=a;a=b;b=d;}
    if(b>c)
      {d=b;b=c;b=d;}
    printf("%d,%d,%d\n",a,b,c);
    return 0;
}
```

  A. 6,5,4   B. 4,6,5   C. 4,5,6   D. 5,4,6

6. 若有定义：float w; int a ,b;则合法的 switch 语句是(　　)。

  A.　switch(w)   B.　switch(a)

    {　case 1.0: printf("*\n ");   {　case 1　printf("*\n ");

     case 2.0: printf("**\n ");   case 2　printf("**\n ");

    }   }

  C.　switch(b)   D.　switch(a+b)

    {　case 1.0: printf("*\n ");   {　case 1:　printf("*\n ");

     default: printf("\n ");   case 2:　printf("**\n ");

    }   defaul：printf("\n ");

                }

7. 以下程序的执行结果是(　　)。

```
#include <stdio.h>
int main( )
{   int x=0,y=2,z=3;
    switch(x)
    {   case 0:   switch(y= =2)
        {   case 1: printf("*");break;
            case 2: printf("%");break;
        }
        case 1:   switch(z)
        {   case 1: printf("$");
            case 2: printf("*");break;
            default: printf("#");
        }
    }
    return 0;
}
```

  A. *$ B. **   C. *#   D. %*

8. 由以下 if 语句写出与其功能相同的 switch 语句(x 的值在 0～100 之间)

if 语句	switch 语句

```
if 语句                              switch 语句
if(a<40) b=1:                        switch(   ①   )
    else if (a<50) b=11;            {   ②    b=1;break;
    else if (a<60) b=111;               case 4:b=11;break;
    else if (a<70) b=1111;              case 5:b=111;break;
    else if (a<80) b=11111;             case 6:b=1111;break;
                                            ③
```

9. 编写一个程序，根据用户输入的三角形的三条边长判定是何种三角形，再求其面积。

10. 编写一个程序，将给定的百分制成绩转换成等级成绩 A、B、C、D、E。90 分以上为 A，80～89 分为 B，70～79 分为 C，60～69 分为 D，60 分以下为 E。

第5章　循环结构程序设计

在不少实际问题中有许多具有规律性的重复操作，因此在程序中就需要重复执行某些语句。循环结构是结构化程序设计的第三种基本结构。利用循环可以使计算机有规律地重复执行某些计算或操作，这样不但可以使程序简洁、高效，而且还可以解决顺序结构和选择结构不能解决的问题。

例如，要输入全班或全校学生的成绩、求若干个数之和、利用迭代求解等重复性的工作，都可以利用计算机与运算速度快的特点，将这些过程写成循环结构。循环的过程有两种：一种是有条件的循环，循环执行到不符合某个条件为止；另一种是无止境的循环，永远没有终止的时刻，称之为死循环，结构化的程序设计要尽量避免死循环发生。本章将重点讲述实现循环控制的 while 语句、do-while 语句、for 语句。

本章应掌握的内容
- 循环结构的特点
- 关键字：while、do-while、for
- C 的三种循环结构：while、do-while、for 循环
- break 语句和 continue 语句
- 循环结构程序设计

5.1　while 语句

在 C 语言中，while 语句也称为"当型循环结构"，是先判断后执行的一种循环控制语句。while 语句的一般形式为：

> while(表达式)　　语句;

其中，表达式是循环条件，语句为循环体。

while 语句的功能是：先计算表达式的值，当表达式的值为真(非 0)时，重复执行语句，即执行循环体；当表达式的值为假(0)时，循环结束，执行 while 语句的后续语句。其执行过程如图 5-1 所示。

【说明】

(1) while 是 C 的关键字，圆括号里的表达式通常是

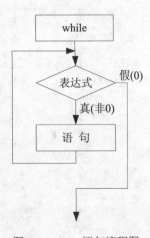

图 5-1　while 语句流程图

一个关系表达式或逻辑表达式，也可以是任意合法的表达式，并以它作为循环体是否执行的条件。

(2) 循环体可以是一条语句也可以是多条语句，若为多条语句必须用{ }括起来，组成复合语句，否则 while 语句只将 while 后面的第一条语句作为循环体语句。例如：

```
int k=10;
 while(k>=0)
      k--;
printf("k=%d\n",k)
```

【说明】在程序中，变量 k 的初值为 10。执行 while 语句时，先判定条件 k>=0 是否成立，若成立则执行循环体语句 k--，自减后，k 为 9，再判定条件是否成立，如此循环，直到 k=-1，条件不再成立，则退出循环，输出 k 的值为-1。在此，k--被反复执行，是循环结构的循环体，变量 k 是循环变量，用来控制循环是否进行。当循环结束时，k 的值是-1而不是 0。

【例 5.1】用 while 语句编程实现，输入 10 个数，求它们的和并输出。

【分析】根据题意任意输入 10 个数，并对其求和，采用循环实现 10 个数据的输入。

【程序代码】

```
#include    <stdio.h>
int main()
{   float x,sum=0;
    int k=0;
    while(k<10)                      //while 循环体是复合句，必须用花括号括起来
    {    printf("please input x:\n");
         scanf("%f",&x);             //输入一个数
         sum=sum+x;                  //进行累加
         k++;
    }
    printf("sum=%f\n",sum);
return 0;
}
```

【运行结果】

```
please input x:5✓
please input x:7✓
please input x:8✓
please input x:14✓
please input x:53✓
please input x:12✓
please input x:35✓
please input x:9✓
please input x:10✓
```

```
please input x:47↙
sum=200
```

【说明】程序中变量 k 用于记录已输入和处理的数据个数，k 初始值为 0；循环条件是 k<10，即需要连续输入 10 个数据；当 k>=10 时，数据输入和处理数据的操作结束，即循环结束，执行循环的后续语句"printf("sum=%f\n",sum);"，在屏幕上输出结果，程序结束。在此例中变量 sum 是个累加器，随着循环的执行，不断有新输入的数加到 sum 上，最后得到累加和。本例中，循环体以复合语句形式出现，用花括号{}括起来；若 while 语句中没有花括号，则 while 语句只将"printf("please input x:\n");"作为循环体语句。

【例 5.2】统计从键盘输入一行字符的个数。

【分析】输入的字符数是个未知数，但可以确定最后一个字符是换行符，所以用换行字符作为循环终止条件。

【程序代码】

```
#include   <stdio.h>
int main()
{   int k=0;
    printf("input a string:\n");
    while(getchar()!='\n')
    k++;
    printf("输入字符的个数为：%d\n",k);
    return 0;
}
```

【运行结果】

```
wsxedcrfv↙
输入字符的个数为：9
```

【说明】本例中的循环条件为 getchar()!='\n'，其意义是只要从键盘输入的字符不是换行符就继续循环，循环体 k++实现对输入字符个数的计数，从而实现了对输入一行字符的字符个数的统计。

使用 while 语句应注意以下几点：

(1) while 语句用来实现"当型"循环结构。

(2) while 语句是先判断执行的条件，然后决定是否执行循环体。如果循环条件即表达式的值一开始即为"假"(0)，那么循环体一次也不执行，直接执行循环体语句的后续语句。

(3) 在循环体中应有使循环趋于结束的变化存在。

(4) 要避免死循环，例如有以下循环：

```
int k=3,n=0;
while(k=3)
printf("%d",n++);
```

　　while 语句的循环条件为赋值语句 k=3，然而该表达式的值永远为真，循环体中又没有其他中止循环的条件，因此该循环体会不断地被执行，构成了一个死循环。

　　(5) 允许 while 语句的循环体含有 while 语句，从而形成循环嵌套，这将在后续章节讲述。

5.2　do-while 语句

　　在 C 语言中，do-while 语句也称为"直到型循环结构"，是先执行后判断的一种循环控制语句。do-while 语句的一般形式为：

```
do
        循环体语句;
    while(表达式);
```

　　do-while 语句的功能：先执行循环体语句，然后再判断表达式是否为真(非 0)，如果为真则继续循环；如果为假(0)，则终止循环。因此，do-while 循环至少要执行一次循环体语句。其执行过程如图 5-2 所示。

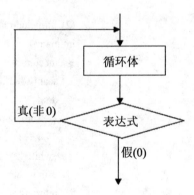

图 5-2　do-while 语句流程图

【说明】

　　(1) do 是关键字，必须与 while 搭配使用。

　　(2) do 与 while 间的语句称为循环体。循环体若为多条语句则必须用 { }括起来，构成复合语句。

　　(3) 圆括号里的表达式可以是任意合法的表达式，作为控制循环结束的条件。

　　(4) while 圆括号后的分号不能少。

　　【例 5.3】用 do-while 语句编程实现，输入 10 个数，求它们的和并输出。

　　【程序代码】

```
#include    <stdio.h>
int main()
```

```
{   float x,sum=0;
    int k=0;
    do
    {   printf("please input x:\n");
    scanf("%f",&x);            //输入一个数
        sum=sum+x;            //进行累加求和
        k++;
} while(k<10);
    printf("%f\n",sum);
    return 0;
}
```

【说明】 若运行时输入的数和例 5.1 运行时输入的数相等，则运行结果与例 5.1 的结果相同。通过例 5.1 和例 5.3，说明对同一个问题既可用 while 语句实现，也可用 do-while 实现。一般情况下两者可以通用，若二者的循环体相同，那么结果也相同，仅当 while 语句中后面的表达式第一次的值为"真"时，两种循环得到的结果相同。否则，两种循环的结果就不同，如例 5.4。

【例 5.4】while 和 do-while 循环比较。

```
(1) #include   <stdio.h>
int main()
{   int sum=0,k;
    scanf("%d",&k);
    while(k<=10)
    {    sum=sum+k;
      k++;
    }
    printf("sum=%d",sum);
    return 0;
}
```

```
(2)   #include   <stdio.h>
int main()
{   int sum=0,k;
    scanf("%d",&k);
    do
    {   sum=sum+k;
       k++;
    }while(k<=10);
    printf("sum=%d",sum);
    return 0;
}
```

【运行结果】

```
1✓
sum=55
再运行一次：
 11✓
sum=0
```

【运行结果】

```
1✓
sum=55
再运行一次：
 11✓
sum=11
```

【说明】从运行结果可以看到：当输入的 k 值小于或等于 10 时，二者得到的结果相同。当 k 的值大于 10 时，二者结果就不同了。造成此情况的原因是针对 while 循环语句来说，一次也不执行循环体(表达式"k<=10"为假)，而对 do-while 循环语句来说至少执行循环体一次。因此，当 while 语句中后面的表达式第一次的值为"真"时，两种循环得到的结果相同。否则，两种循环的结果就不同(针对二者具有相同的循环体而言)。

使用 do-while 语句应注意以下几点：

(1) do-while 语句先执行循环体，然后判断循环条件。

(2) 循环体中应包括使循环趋于结束的语句。

(3) do-while 语句可以组成多重循环，也可以和 while 语句、do-while 语句相互嵌套。

(4) do-while 语句与 while 语句相互转换时，要注意修改循环控制条件。

5.3　for 语句

在 C 语言中，for 语句使用灵活、功能强大，是使用最多的一种循环控制语句，不仅可以用于循环次数已确定的情况，而且还可以用于只给出循环结束条件而对循环次数不确定的情况，它完全可以取代 while 语句和 do-while 语句。

for 语句的一般形式为：

for(表达式 1;表达式 2;表达式 3)　语句;

【说明】

(1) for 是 C 语言的关键字，其圆括号里通常有三个表达式，主要用于 for 循环控制。表达式间需要用分号隔开。

(2) 表达式可以是 C 中任何合法的表达式，但通常的用途为：表达式 1 是对循环变量赋初值；表达式 2 是循环条件；表达式 3 是循环变量增值。

(3) for 后面的语句为循环体，当循环体多于一条语句时，要用复合语句表示，即用{ }括起来。

for 语句的执行过程如下：

(1) 求解表达式 1。

(2) 求解表达式 2，若其值为真(非 0)，则执行 for 语句中循环体；若其值为假(0)，则结束循环，转到第(5)步。

(3) 求解表达式 3。

(4) 转回上面第(2)步继续循环。

(5) 循环结束，执行 for 语句之后的语句。

其执行过程如图 5-3 所示。

也可以把 for 语句转换成最容易理解的形式：

for(循环变量赋初值;循环条件;循环变量增值)　语句;

循环变量赋初值通常是一个赋值表达式，它用来给循环控制变量赋初值；循环条件是一个关系表达式，它决定什么时候退出循环；循环变量增值，定义循环控制变量每循环一次后按什么方式变化。这三个部分之间用

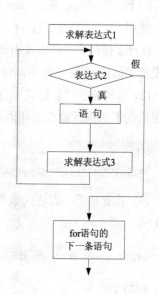

图 5-3　for 语句流程图

";"分开。

　　for 语句等价于如下的 while 语句形式：

```
表达式 1;
while(表达式 2)
{    语句;
     表达式 3;
}
```

　　【例 5.5】用 for 语句编程实现，输入 10 个数，求它们的和并输出。

　　【程序代码】

```
#include    <stdio.h>
int main()
{    float x,sum=0;
     printf("please input x:\n");
     for(k=0;k<10;k++)              //for 循环体是复合句，必须用{ }括起来
     {   scanf("%f",&x);           //输入一个数
         sum=sum+x;               //进行累加
     }
     printf("%f\n",sum);
     return 0;
}
```

　　【说明】for 是关键字，循环体为两条语句必须用{ }括起来，构成复合语句。表达式 1 对循环变量 k 赋初值为 0；表达式 2 进行循环条件的判定，只要满足 k<10，就一直重复执行循环体语句；表达式 3 是循环变量增值，每次 k++，当 k>=10 时循环结束，执行 for 语句的下一条语句，输出 sum 的值。

　　使用 for 语句应注意以下几点：

　　(1) for 循环中"表达式 1(循环变量赋初值)"、"表达式 2(循环条件)"和"表达式 3(循环变量增值)"都是选择项，可以缺省，但";"不能缺省。

　　(2) 若省略了"表达式 1(循环变量赋初值)"，即表示不对循环控制变量赋初值，可以将表达式 1 的执行放在循环语句之前执行。例如：

```
i=1;
for( ;i<=50;i++)     sum=sum+i;
```

　　(3) 若省略了"表达式 2(循环条件)"，则表示不做循环条件的判定，构成了死循环。例如：

```
for(i=1; ;i++)    sum=sum+i;
```

　　相当于：

```
i=1;
```

```
while(1)     //循环条件永远为真
     {   sum=sum+i
i++;
}
```

所以在表达式 2 省略后，一定要在循环体语句部分加上退出循环的语句。

将其用 if 和 break 改写，退出循环：

```
for(i=1; ;i++)
{sum=sum+i;
  if(i>50)   break;
}
```

(4) 若省略了"表达式 3(循环变量增量)"，则不对循环控制变量进行操作，这时可在语句体中加入表达式 3 的执行。例如：

```
for(i=1;i<=50; )
{   sum=sum+i;
    i++;
}
```

(5) 若省略了"表达式 1"(循环变量赋初值)和"表达式 3"(循环变量增量)，只有表达式 2，即只给循环条件。例如：

```
for(;i <=50;)
{   sum=sum+ i;
    i ++;
}
```

等价于

```
while(i <=50)
{   sum=sum+ i;
    i ++;
}
```

可见，在这种情况下 for 语句完全等价于 while 语句。for 语句比 while 语句功能强，除了给出循环条件外，还可以赋初值，使循环变量自动增值等。

(6) 三个表达式都可以省略。不过在一般情况下，尽量不要省略三个表达式。例如：

```
for(;;)   语句;
```

相当于：

```
while(1)   语句;
```

【例 5.6】用 for 语句编程实现，1+2+3+…+100，求它们的和并输出。

【分析】该题意求 1 到 100 的和，即 $\sum_{n=1}^{100} n$，令 sum 为求和结果，初值为 0；k 为循环变量，其初值为 1。

【程序代码】

```c
#include   <stdio.h>
int main()
{   int k,sum=0;
    for(k=1;k<=100;k++)
        sum= sum+k;        //进行累加
    printf("%d",sum);
    return 0;
}
```

运行结果为：

```
5050
```

【说明】程序中循环变量 k 从 1 到 100，累加求和赋值语句为 sum=sum+k，当 k 的值逐渐增加时，sum=sum+k 赋值号右边的 sum 为 0 到(k-1)的和，赋值号左边的 sum 则为 1 到 k 的和。在 C 语言程序中，sum=sum+k，也可用 sum +=k 表示。

【例 5.7】编程求 $1-\dfrac{1}{2}+\dfrac{1}{3}-\dfrac{1}{4}+\dfrac{1}{5}+\cdots+\dfrac{1}{99}-\dfrac{1}{100}$

【分析】本例子可以看做例 5.6 中 $\sum_{n=1}^{100} n$ 的变形，在本题中，涉及加数的符号在改变，一般可以采用 t=-t 改变符号。

【程序代码】

```c
#include   <stdio.h>
int main()
{   int k,t;
    float sum;
  for(sum=0.0,k=1,t=1;k<=100;k++)
    {   sum+=t/(float)k;        // 将整型变量 k 强制转换为浮点型
        t=-t;                   //实现加数的正负号交替
    }
    printf("sum=%.4f",sum);
    return 0;
}
```

【运行结果】

sum=0.6882

【说明】在程序设计中，利用(float)k 将变量 k 强制转换为浮点型的实数，防止 t 除以 k 的商为 0。注意 1/2 和 1/(float)2 的区别。

5.4　break 语句和 continue 语句

对简单的循环程序，采用三种循环语句即可完成。若对一些复杂情况，尤其是多条件控制循环时，需引入 break 语句和 continue 语句，对循环控制起着辅助的作用。C 语言的 break 和 continue 语句提供了在执行循环时，可以提前结束循环体的方法。

5.4.1　break 语句

格式：break;

功能：在循环结构中，可提前结束该层循环，从循环体内跳出，继续执行循环体语句的后续语句，或从 switch 结构中跳出。

【说明】

(1) break 语句通常用在循环语句和 switch 开关语句中，不能用于其他地方。

(2) 当 break 语句作用于 switch 语句中时，其作用是跳出该 switch 语句体，而执行 switch 以后的语句。

(3) 当 break 语句作用于循环语句中时，其作用是跳出本层循环体。在多层嵌套结构中，break 语句只能跳出一层循环体或一层 switch 语句体，而不能跳出多层循环体或多层 switch 语句体。

(4) 当 break 语句作用于 while、do-while、for 循环语句中时，可使程序终止循环而执行循环后面的语句，通常 break 语句总是与 if 语句联在一起，即满足条件时便跳出循环。其流程如图 5-4 所示。

```
while(表达式 1)
{
    语句组 1;
    if(表达式 2) break;
    …语句组 2;
}
```

注意：

图 5-4 中"表达式 2"为真时流程的转向，即结束整个循环，执行 while 循环的下一语句。

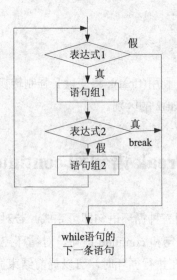

图 5-4   break 语句流程图

下面给出各种循环语句中 break 语句的执行过程。恰当地使用 break 语句，常常可以减少循环执行的次数，提高程序运行效率。

while()	do	for(; ;)
{…	{…	{…
break;	break;	break;
…	…	…
}	} while();	}

【例 5.8】编程实现 $1+2+3+\cdots+m$，当和大于等于 500 时输出最小的 m 及总和。

【分析】根据题意求和，不知 m 的值是什么，但在累加求和过程中，以其和大于 500 作为循环结束的条件。

【程序代码】

```c
#include   <stdio.h>
int main()
{   int m,sum=0;
    for (m=1; ; m++)              // "表达式 2" 省略，循环条件一直为真
    {
        sum=sum+m;
        if(sum>=500)   break;   // 当 sum>=500 时，跳出循环
    }
    printf("sum=%d,m=%d\n",sum,m);
    return 0;
}
```

【运行结果】

```
sum=528,m=32
```

【说明】从程序中 for 循环可看到，"表达式 2"省略，相当于循环条件永远为真。当 sum 的值大于 500 时，通过循环体中设置 break 语句，可以使循环终止，即跳出 for 语句循环从而转到执行循环体的后续语句，打印输出相应的值。

【例 5.9】编程实现，输出圆面积，当面积大于 100 时停止。

【分析】在计算圆面积时，半径从 1 开始，然后 2、3、4、……不断递增，但半径不会无休止递增下去，初步估计当半径为 10 时，面积一定大于 100，所以假设半径的变化为 [1,10]。具体是多少，以面积大于 100 时停止半径的增长。

【程序代码】

```
#define   PI  3.14159          //宏定义
#include   <stdio.h>
int main()
{  int  r;
   float s;
   for(r=1;r<=10;r++)          //半径的变化
   {  s=PI*r*r;
      if(s>100)                //面积大于 100 时，停止计算
      break;
      printf("r=%d,s=%.2f\n",r,s);
   }
return 0;
}
```

【运行结果】

```
r=1,s=3.14
r=2,s=12.57
r=3,s=28.27
r=4,s=50.27
r=5,s=78.54
```

【说明】程序中当面积 s 大于 100 时，执行 break 语句，跳出循环体，也跳过 printf 函数语句，只有当 s 小于等于 100 时，才执行 printf 函数，输出所有面积小于 100 时的 s 及 r 的值。

【例 5.10】编程实现，小写字母转换成大写字母，直至输入非字母字符。

【分析】由于小写字母和大写字母的 ASCII 码值相差 32，若输入的是小写字母'c'，则大写字母'C'= 'c'-32，即实现转换。

【程序代码】

```
#include    <stdio.h>
int main()
{   char   c;
    while(1)
    {
    c=getchar();
    if(c>='a' && c<='z')            //输入的字符为小写字母
        putchar(c-'a'+'A');
    else                           //输入的字符为其他字符
        break;
    }
    return 0;
}
```

【运行结果】

```
d↙
D
```

【说明】程序中 while(1)表示条件永远为真，一直输入字符，若输入字符 c 为'a～z'间时，利用 c-32 实现小写字符转换为大写字符；当输入的是其他字符时跳出循环体，即结束循环，执行循环体的下一语句。

5.4.2　continue 语句

格式：continue;

功能：结束本次循环，使循环跳过循环体中余下的语句，转而判断循环条件是否仍然成立，然后选择是否再次进入循环体。

【说明】

(1) continue 语句只用在 for、while、do-while 等循环体中，常与 if 条件语句一起使用，用来结束本次循环。其流程如图 5-5 所示。

```
while(表达式 1)
{
   语句组 1
   if(表达式 2) continue;
   语句组 2;
}
```

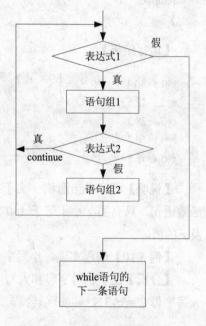

图 5-5　continue 语句流程图

注意：

图 5-5 中"表达式 2"为真时流程的转向，即结束本次循环，继续对下一次循环是否执行进行条件判定。

(2) 在 while、do-while 语句中，如在循环体中遇到 continue 语句，则转去求解条件表达式的值，在 for 语句中遇到 continue 语句，则转去求解表达式 3 的值。例如：

while(表达式)	do	for(; ;)
{ …	{ …	{ …
continue;	continue;	continue;
…	…	…
}	} while(表达式)	}

【例 5.11】编程实现，把 100～200 之间不能被 3 整除的数输出。

【程序代码】

```
#include    <stdio.h>
int main()
{   int m;
    for (m=100;m<=150;m++)
    {
    if (m%3==0)
        continue;
    printf("%6d",m);
    }
return 0;
}
```

【运行结果】

```
100 101 103 104 106 107 109 110 112 113 115 116 118 119 121 122
124 125 127 128 130 131 133 134 136 137 139 140 142 143 145 146
148 149
```

【说明】当 m 能被 3 整除时，执行 continue 语句，结束本次循环(即跳过 printf 函数语句)，只有 m 不能被 3 整除时才执行 printf 函数，即输出当前的 m 值。

continue 语句和 break 语句的区别：

(1) continue 语句结束本次循环，继续下次循环，并且进行条件判断；不可作用于 switch 语句。

(2) break 语句结束本次循环，并停止下次循环条件判断；可以作用于 switch 语句，在 switch 语句中，执行 switch 语句之后的代码；可以作用于循环语句，在循环语句中，执行循环语句之后的代码。

5.5　循环的嵌套

　　一个循环体内又包含另一个完整的循环结构称为循环的嵌套。内嵌的循环中还可以嵌套循环，这就是多层循环。前面介绍的 while、do-while、for 三种循环均可以相互嵌套。下面说明几种两层循环嵌套的合法形式。

```
(1)  while()              (2)  while()              (3)  while()
     { …                       { …                       { …
        while()                   do                        for(;;)
          { …                       { …                       { …
          }                         }while( );                }
        …                         ….                        …
     }                         }                         }
(4)  do                    (5)  do                    (6)  do
     { …                       { …                       { …
        while                     do                        for( ; )
          { …                       { …                       { …
          }                         }while( );                }
        …                         …                         …
     }while( );               }while( );                }while( );
(7)  for( ; ;)             (8)  for( ; ;)             (9)  for( ; ;)
     { …                       { …                       { …
        while                     do                        for( ; ;)
          { …                       { …                       { …
          }                         }while();                 }
        …                         …                         …
     }                         }                         }
```

　　关于嵌套循环应注意以下几点：

　　(1) 内循环必须完整地嵌套在外循环内，两者不允许有交叉。

　　(2) 当运用内层循环变量的每一个值时，外层循环变量应保持不变。

　　(3) 并列的循环变量名可以同名，但嵌套循环中内、外层控制循环执行的变量一般不允许同名，否则将引起程序上的混乱。

　　(4) 三种循环可以相互嵌套，但不允许交叉。

　　(5) break 语句可以从内层循环跳转到外层循环，但不能从内层循环跳出整个循环结构。

　　【例 5.12】利用循环嵌套编程实现如下形式的九九乘法表。

```
1*1=1
1*2=2    2*2=4
1*3=3    2*3=6    3*3=9
```

```
1*4=4    2*4=8    3*4=12 4*4=16
1*5=5    2*5=10   3*5=15 4*5=20  ……
1*6=6    2*6=12   3*6=18 4*6=24  ……
1*7=7    2*7=14   3*7=21 4*7=28  ……
   ……
1*9=9    2*9=18   3*9=27 4*9=36  ……   9*9=81
```

【分析】根据题目要求，九九乘法表是一个九行九列的图表。观察可得每行的第一个数与列相同，第二个数是按照行序依次递增进行取值，且每行的最后一列总是与行相同。其值为行号*列号。因此，可以利用双重循环进行设计，外层循环控制行数，内层循环控制列数。

【程序代码】

```c
#include  <stdio.h>
int main()
{   int i,j;
    for(i=1;i<10;i++)        //控制行数
    {   for(j=1;j<=i;j++)    //控制列数
      printf("%d * %d=%3d   ",j,i,i*j);
        printf("\n")   ;
    }
    return 0;
}
```

【说明】程序中利用 for 语句双重循环进行设计，外层循环利用循环变量 i 控制行数，内层循环利用循环变量 j 控制列数。

5.6 程序举例

【例 5.13】求 Fibonacci(斐波那契)数列：1,1,2,3,5,8,…的前 30 项。Fibonacci 数列满足如下关系：

$$\begin{cases} F_1 = 1 & (n=1) \\ F_2 = 1 & (n=2) \\ F_n = F_{n-1} + F_{n-2} & (n \geqslant 3) \end{cases}$$

即前两项为 1，1，从第三项开始，该项是前两项之和。

【分析】该数列的特点，已知两个初始值，从第三项开始每一项都等于前两项之和，定义两个整型变量 f1、f2，令 f1=1，f2=1，第三个数为 f1=f1+f2；第四个数 f2=f2+f1；把每两个数作为一组数据。如此循环，即可求出斐波那契数列各项的和。

【程序代码】

```c
#include  <stdio.h>
int main()
{   long   int   f1,f2;
    int i;
    f1=1;f2=1;              //定义第一组的两个数
    for (i=1;i<=15;i++)     //i 控制组数
    {   printf("%12ld %12ld",f1,f2);
        if (i%2==0)
            printf("\n");
        f1=f1+f2;           //分别计算每组的两个数
        f2=f2+f1;
    }
return 0;
}
```

【运行结果】

1	1	2	3
5	8	13	21
34	55	89	144
233	377	610	987
1597	2584	4181	6765
10946	17711	28657	46368
75025	121393	196418	317811
514229	832040		

【说明】程序中定义两个变量 f1 和 f2，由于当输出的数比较大时，会超出短整型的最大值($2^{15}-1$)，因此用长整型变量才能容纳，所以 printf 函数中用%ld 格式输出。if 语句的作用是每行输出 4 个数后换行，i 每增值 1，就要计算和输出两个数，i 为偶数时换行，即每输出 4 个数换行；30 个数，可分为 15 组，故 for 循环语句中，循环变量的取值最大为 15。

【例 5.14】用公式 $\dfrac{\pi}{4}=1-\dfrac{1}{3}+\dfrac{1}{5}-\dfrac{1}{7}+\cdots$ 求 π 的近似值，直到最后一项的绝对值小于 10^{-6} 时为止。

【分析】这是类似一个级数求和问题，把若干个级数项累加，导出级数项的通项公式 $(-1)^{n-1}\dfrac{1}{2n-1}$。在此例子中是利用公式求 π 的近似值，求和的项数是未知的，但可以当作最后一项趋近于 0 时的前面若干项的求和。

【程序代码】

```c
#include  <stdio.h>
#include  <math.h>
int main()
```

```
{    int s;
     float n,t,pi;
     t=1,pi=0;n=1.0;s=1;
     while(fabs(t)>1e-6)          // fabs 表示求绝对值函数，结果为浮点型
     {
      pi=pi+t;
          n=n+2;
          s=-s;                   //正负数交替出现
          t=s/n;
     }
     pi=pi*4;
     printf("pi=%10.6f\n",pi);
     return 0;
}
```

【运行结果】

pi=□□3.141594

【说明】程序中 s=-s 表示相加的数是正负交替，还要注意最后将计算出的 pi 值再乘以 4，其值才会等于 π。

【例 5.15】一角人民币兑换成 5 分、2 分、1 分硬币，共有多少种方法。

【分析】该问题可以转换成求不定方程 5*m+2*n+k=10 的所有非负整数解，设 m、n、k 分别为 5 分、2 分、1 分硬币所具有的枚数，根据题意可知：m 的取值为[0,2]，n 的取值为[0,5]，k 的取值为[0,10]。我们采用枚举法，若能使方程 5*m+2*n+k=10 成立，则(m,n,k) 即为一组解。

【程序代码】

```
#include    <stdio.h>
int main()
{    int    m, n, k, j=0;
     for (m=0;m<=2;m++)          //控制 5 分的枚数
     for (n=0;n<=5;n++)          //控制 2 分的枚数
       for (k=0;k<=10;k++)       //控制 1 分的枚数
         if (5*m+2*n+k==10)
         {    printf("五分%d 枚\t",m);
              printf("二分%d 枚\t",n);
              printf("一分%d 枚\n",k);
              j++;
         }
       printf("兑换的方法共有 j = %d 种\n",j);
     return 0;
}
```

【运行结果】

```
五分 0 枚　二分 0 枚　一分 10 枚
五分 0 枚　二分 1 枚　一分 8 枚
五分 0 枚　二分 2 枚　一分 6 枚
五分 0 枚　二分 3 枚　一分 4 枚
五分 0 枚　二分 4 枚　一分 2 枚
五分 0 枚　二分 5 枚　一分 0 枚
五分 1 枚　二分 0 枚　一分 5 枚
五分 1 枚　二分 1 枚　一分 3 枚
五分 1 枚　二分 2 枚　一分 1 枚
五分 2 枚　二分 0 枚　一分 0 枚
兑换的方法共有 10 种。
兑换的方法共有 j =146 种
```

【说明】此种方法利用枚举法，把每种情况都一一罗列出来，j 为兑换方法的种数。

【例 5.16】判断 101～200 之间有多少个素数，并输出所有素数。

【分析】判断一个数 $m(m \geq 3)$ 是否素数的方法：将 m 作为被除数，将 2 到 $(m-1)$ 各个整数轮流作为除数，如果都不能被整除，则 m 为素数。实际上，m 不必被 2 到 $(m-1)$ 的整数除，只需被 2 到 $m/2$ 间整数除，甚至只需被 2 到 sqrt(m) 之间的整数除。如果能被整除，则表明此数不是素数，反之是素数。

【程序代码】

```c
#include   <math.h>
#include   <stdio.h>
int main()
{    int m,k,i,n=0;
     for(m=101;m<=200;m+=2)
     {   k=sqrt(m);
         for(i=2;i<=k;i++)
         if(m%i==0) break;// //两数若能整除，余数为 0，结束内层 for 循环
         if(i>=k+1)
         {   printf("%4d",m);
             n+=1;
         }
         if(n%7==0) printf("\n");
     }
     printf("\n");
     printf("素数的个数为：  %d\n",n);
     return 0;
}
```

【运行结果】

```
101    103    107    109    113    127    131
137    139    149    151    157    163    167
173    179    181    191    193    197    199
素数的个数为：21
```

【说明】n 的作用是计算输出素数的个数，控制每行输出 7 个数据。

【例 5.17】输入两个正整数 m 和 n，求其最大公约数和最小公倍数。

【分析】利用辗除法。利用辗转相除法：设两数为 a、$b(b<a)$，求它们最大公约数$(a$、$b)$，$a \div b$，令 r 为所得余数$(0 \leqslant r<b)$。若 $r=0$，算法结束，b 即为答案。最小公倍数=两数之积除以最大公约数。

【程序代码】

```c
#include    <math.h>
#include    <stdio.h>
int main()
{    int a,b,num1,num2,temp;
     printf("please input two numbers:\n");
     scanf("%d,%d",&num1,&num2);
     if(num2<num1)
     {    temp=num1;          //实现两数交换
          num1=num2;
          num2=temp;
     }
     a=num1;b=num2;
     while(b!=0)              //利用辗除法，直到 b 为 0 为止
     {
          temp=a%b;
          a=b;
          b=temp;
     }
     printf("公约数:%d\n",a);
     printf("公倍数:%d\n",num1*num2/a);
     return 0;
}
```

【运行结果】

```
45,25✓
公约数:5
公倍数:225
```

【说明】程序中要注意输入的数据的大小关系，若第一个数大于第二个数，则两数相互交换。

【例 5.18】输入一行字符，要求输出其相应的密码。

【分析】为使电文保密，往往按一定规律将其转换成密码，收报人再按约定的规律将其译回原文。例如，可以按以下规律将电文变成密码：将字母 A 变成字母 F，a 变成 f，即变成其后的第 5 个字母，W 变成 B，X 变成 C，Y 变成 D，Z 变成 E，其一般规律即转换成其后的第五个字母，如图 5-6 所示。

图 5-6　密码转换规律

【程序代码】

```c
#include    <stdio.h>
int main()
{    char c;
     while((c=getchar())!='\n')
     {
         if((c>='a' && c<='z') || (c>='A' && c<='Z'))
         //判断输入的字符否属于英文 26 个字母
         {    c=c+5;
              if(c>'Z' && c<='Z'+5 || c>'z') c=c-26;
              //对加 5 后字符的 ASCII 值超出 Z 或 z 的处理
         }
         printf("%c",c);
     }
     return 0;
}
```

【运行结果】

```
Design2013↙
Ijxns2013
```

【说明】程序先对输入的字符判定是否属于英文 26 个字母，若是，则将其值加 5(转换成其后的第五个字母)；若加 5 以后的字符值超出 Z 或 z，表示原来的字符在 U 或 u 后，但按图表示的规律应将其转转到 A～D 或 a～d 之间，其办法是将字符变量 c 的 ASCII 码值

(参见附录 B)减去 26，即 c=c-26。

【例 5.19】一球从 100m 高度自由落下，每次落地后反跳回原高度的一半；再落下，求它在第 10 次落地时，共经过多少米？第 10 次反弹多高？

【分析】要考虑每次落地后反弹所经过的距离及每次反弹的距离。

【程序代码】

```
#include    <stdio.h>
int main()
{    float sn=100.0,hn=sn/2;
     int n;
     for(n=2;n<=10;n++)
     {    sn=sn+2*hn;          //第 n 次落地时共经过的米数
          hn=hn/2;             //第 n 次反跳高度
     }
     printf("总共经过的路程长度为  %f 米。\n",sn);
     printf("第十次经过的路程长度为  %f 米\n",hn);
     return 0;
}
```

【运行结果】

```
总共经过的路程长度为 299.609375 米。
第十次经过的路程长度为 0.097656 米。
```

【说明】定义浮点型 sn 并赋初值为 100.0，高度 hn 为 sn/2(float sn=100.0，hn=sn/2 即表示第一次反弹的路程)，定义整数型 *n*，当 *n* 的初值为 2，n<=10 时执行 sn=sn+2*hn 表示第 *n* 次落地时共经过的路程，hn=hn/2 表示第 *n* 次反跳高度，如此循环，直到 *n* 大于 10 时跳出循环体。

5.7 小　　结

1. for 循环结构

for 循环语句的一般表达式：

```
for(表达式 1;表达式 2;表达式 3)
     循环体语句
```

C 语言语法规定，循环体语句只能包含一条语句，若需多条语句，应使用复合语句。

注意：
for 循环中的小括号内必须有两个分号，循环一定要有结束条件，否则成为死循环。

2. while 循环结构

while 语句用来实现"当型"循环结构，它的一般形式：

```
while(表达式)
循环体语句
```

当表达式为非 0 值时执行 while 语句中循环体语句；当表达式的值为 0 时，直接跳过 while 语句后面的循环体语句，执行下一条语句。

while 语句执行的特点：先判断表达式，后执行循环体语句。

3. do-while 循环结构

do-while 用来实现"直到型"循环结构，它的一般形式：

```
do
循环体语句
while(表达式);
```

这个语句执行时，先执行一次循环体语句，然后判别表达式，当表达式的值为非 0 时，返回重新执行循环体语句，如此反复，直到表达式的值为 0，循环结束。

do-while 语句执行的特点：先执行语句，后判断表达式。

注意：
do-while( )循环中的 while( )后一定要有分号。

4. break 语句

break 语句有两个用途：(1)在 switch 语句中使流程跳出 switch 结构，继续执行 switch 语句后面的语句；(2)用在循环体内，迫使所在循环立即终止，即跳出所在循环体，继续执行循环体后面的第一条语句。

5. continue 语句

continue 语句结束本次循环，即跳过循环体中尚未执行的语句。在 while 和 do-while 语句中，continue 语句将使控制直接转向条件测试部分，从而决定是否继续转向循环。在 for 循环中，遇到 continue 语句后，首先计算 for 语句表达式 3 的值，然后再执行条件测试(表达式 2)，最后根据测试结果来决定是否继续转向 for 循环。

6. 循环的嵌套

一个循环体内又包含另一个完整的循环结构，称为循环的嵌套。内嵌的循环中还可以嵌套循环，这就是多层循环。

三种循环语句(while 循环、do-while 循环和 for 循环)可以互相嵌套。

5.8 习　　题

1. 以下描述中正确的是(　　)。

　　A. 由于 do-while 循环中循环体语句只能是一条可执行语句，所以循环体内不能使用复合语句

　　B. do-while 循环由 do 开始，用 while 结束，在 while(表达式)后面不能写分号

　　C. do-while 循环中，根据情况可以省略 while

　　D. 在 do-while 循环体中，一定要有能使 while 后面表达式的值变为 0(假)的操作

2. 对 for(表达式 1;;表达式 3)，可理解为(　　)。

　　A. for(表达式 1;0;表达式 3)　　　　　　B. for(表达式 1;表达式 3;表达式 3)

　　C. for(表达式 1;1;表达式 3)　　　　　　D. for(表达式 1;表达式 1;表达式 3)

3. 以下程序的执行结果是(　　)。

```c
#include <stdio.h>
int main()
{   int a=1,b=2,c=2,t;
    while(a<b<c)
    {   t=a; a=b; b=t;     //a,b 交换
      c-- ;
    }
    printf("%d, %d, %d,\n",a,b,c);
    return 0 ;
}
```

　　A. 2,1,0　　　　　　B. 2,1,1　　　　　　C. 1,2,1　　　　　　D. 1,2,0

4. 以下程序的执行结果是(　　)。

```c
#include <stdio.h>
int main()
{   int k,j,s;
    for (k=2;k<6;k++,k++)
    {   s=1;
      for (j=k;j<6;j++)
      s+=j;
    }
    printf("%d\n",s);
    return 0;
}
```

　　A. 1　　　　　　B. 10　　　　　　C. 11　　　　　　D. 9

5. 有以下程序段，则(　　)。

```
int x=0,s=0;
while(!x!=0)
    s+=++x;
printf("%d",s);
```

A. 运行程序段后输出 0　　　　　　　B. 运行程序段后输出 1
C. 程序段中的控制表达式是非法的　　D. 程序段执行无限次

6. 以下程序段

```
int k=0;
while(k=1) k++;
```

while 循环执行的次数是(　　)。

A. 执行一次　　　　　　　　　　　　B. 有语法错误，一次也不执行
C. 一次也不执行　　　　　　　　　　D. 无限次

7. 以下程序执行后输出的结果是(　　)。

```
#include <stdio.h>
int main()
{   int j,k=0;
    for (j=1;j<10;j+=2)
    k+=j+1;
    printf("%d\n",k);
    return 0;
}
```

A. 自然数 1～9 的累加和　　　　　　B. 自然数 1～10 的偶数之和
C. 自然数 1～9 的奇数之和　　　　　D. 自然数 1～10 的累加和

8. 下面程序的功能是：输出 100 以内能被 3 整除且个位数为 6 的所有整数，请填空。

```
#include <stdio.h>
int main()
{   int i,j;
    for (i=0;    ①    ;i++)
    {   j=i*10+6;
        if(    ②    )   continue;
        printf("%d\n",j);
    }
    return 0;
}
```

9. 分析以下程序的执行结果为(　　)。

```c
#include <stdio.h>
int main()
{    int i=20,n=0;
     do
     {    n++;
          switch(i%4)
          {    case 0: i=i-7;break;
               case 1:
               case 2:
               case 3:i++;break;
          }
     }    while(i>0);
     printf("n=%d\n",n);
     return 0 ;
}
```

10. 编写一个程序，输出菱形图案，第 1 行为字母 A，第 2 行为三个字母 B，以此类推，第 n 行为 2n-1 个相应的字母，以后每行递减，n 由键盘输入。

11. 编写一个程序，将十进制整数 n 转换成二进制，要求从低位到高位输出二进制数的每位。

第6章 数 组

在程序设计中，为了处理方便，可以把具有相同类型的若干数据按有序的形式组织起来，这些相同数据类型元素的集合称为数组。在 C 语言中，数组属于构造数据类型，一个数组由多个数组元素构成，这些数组元素可以是基本数据类型或构造类型。按数组元素的类型不同，数组可分为数值数组、字符数组、指针数组、结构数组等各种类别。本章将介绍数值数组和字符数组。

本章应掌握的内容

- C 语言数组的特点
- 一维数组的定义和元素的引用
- 二维数组的定义和元素的引用
- 字符数组的定义和基本操作
- 字符串函数：strcpy、strlen、strcmp、strcat

6.1 一维数组

C 语言中，可以把相同类型的数据集合当作数组处理，在进行数组定义时，要告诉编译器数组中所包含的数组元素类型和数目，编译器就可以根据数组的定义为数组分配一段连续的存储空间，用户就可以像使用普通变量一样对数组元素进行操作。

6.1.1 一维数组的定义

数组和变量一样，都必须遵循先定义再使用的原则。

一维数组的定义形式为：

```
类型说明符　数组名 [常量表达式];
```

例如：

```
int   a[5];        //定义整型数组 a，包含 5 个元素
float  b[15];      //定义实型数组 b，包含 15 个元素
char   ch[12];     //定义字符型数组 ch，包含 12 个元素
```

【说明】

(1) 类型说明符表示数组元素的类型，可以是基本数据类型或构造数据类型。

(2) 数组名是用户定义的标识符，要遵循标识符的命名规则。

(3) 常量表达式必须是整型常量表达式，表示数据元素的个数，称为数组的长度。

例如，int a[5];表示数组 a 有 5 个元素，其下标从 0 开始计算，其 5 个元素分别为 a[0]，a[1]，a[2]，a[3]，a[4]。

(4) 整型常量表达式可以为整型常量、符号常量或表达式，但不能为变量，也不能缺省。这是因为在 C 语言中定义数组跟定义变量一样，都需要对其分配具体的存储空间，如果数组的大小不确定，存储空间大小也就无法确定。

例如，合法的定义：

```
#define   D   5
   int a[3+2],b[7+FD];
```

例如，错误的定义：

```
   int n=5;
   int a[n];
   float b[ ];
```

(5) 数组定义后，编译系统会为其分配一块连续的存储空间(静态分配)，存储空间的首地址用数组名表示，存储空间的大小为数组元素的长度乘以每个数组元素所占的字节大小，每个数组元素在存储空间被分别存储，其存放的顺序与数组下标顺序对应。

例如，int a[10];定义了一个整型数组，其数组元素的长度为 10，每个数组元素所需的字节数为 sizeof(int)(在 VC++中为 4 个字节)，那么为该数组分配的连续存储空间大小为 10*4=40 个字节，首地址为 a(如图 6-1 所示)，依序存放 a[0]，a[1]，a[2]，a[3]，a[4]，a[5]，a[6]，a[7]，a[8]，a[9]十个元素。

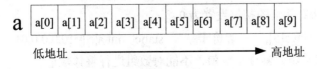

图 6-1 数组存储空间分配示意图

(6) 数组名是一个地址常量，代表编译系统为数组所分配的一块连续存储空间的首地址。数组名不能单独引用，即不能通过一个数组名代表全部元素，也不能对数组名重新赋值，但可以利用数组名是地址的特性与一个整数相加得到一个新地址，以此表示不同数组元素的地址。

6.1.2 一维数组的初始化

在数组定义时可以为数组元素赋初值，其过程称为数组的初始化。一维数组初始化的一般格式为：

[存储类型] 类型说明符 数组名 [常量表达式]={值,值...值};

其中在{ }中的各数据值即为各元素的初值，各值之间用逗号间隔。

一维数组初始化有以下几种情况：

(1) 如果在数组定义时对所有数组元素初始化，用来初始化的值和数组元素的个数相等。

例如，int a[10]={0,1,2,3,4,5,6,7,8,9}；相当于 a[0]=0，a[1]=1，a[2]=2，a[3]=3，a[4]=4，a[5]=5，a[6]=6，a[7]=7，a[8]=8，a[9]=9 的结果。

(2) 如果在数组定义时对部分数组元素初始化，未被初始化数组元素的值将自动置 0。

【例 6.1】数组元素的部分初始化。

【程序代码】

```
#include<stdio.h>
int main()
{   int i,a[10]= {1,2,3,4};
    for(i=0;i<=9;i++)
        printf("%d    ",a[i]);
    return 0;
}
```

【运行结果】

```
1  2  3  4  0  0  0  0  0  0
```

(3) 如果在数组定义时对所有数组元素初始化，可以不给出数组的长度。当数组长度缺省时，系统可以根据其数据个数来确定。

例如，int   a[ ] ={1,2,3,4,5}；　等价于   int a[5] ={1,2,3,4,5}；

(4) 当把数组定义为全局变量或数组的存储类型使用 static 时，如果不对其初始化，编译系统会自动将所有元素的初值设置为 0。

例如，static   int a[5]；　　等价于　　static   int a[5]={0,0,0,0,0}；

(5) 只允许对数组元素逐个赋值，不能对数组进行整体赋值。

例如，给 10 个元素全部赋 1 值：

```
int a[10]={1,1,1,1,1,1,1,1,1,1};      //正确
int a[10]=1;                          //错误
```

6.1.3　一维数组元素的引用

由于数组是相同类型的一组数，数组元素就是构成数组的基本单元，在 C 语言中只能逐个引用数组元素，而不能对数组进行整体引用。数组元素引用的一般形式为：

数组名[下标]

其中，下标为整型常量或整型表达式，表示该元素在数组中的顺序号，元素的顺序号默认从 0 开始，依次为：0，1，2，3，…，长度-1。

例如：

```
a[5]                    //表示引用 a 数组中的第 6 个元素
a[i+j]                  //表示引用 a 数组中的第 i+j+1 个元素
a[i++]                  //表示引用 a 数组中的第 i+1 个元素
```

它们对数组元素的引用都是合法的。

例如，printf("%d",a); 是错误的，不能用一个语句输出整个数组。

例如，输出有 10 个元素的数组

```
        for(i=0; i<10; i++)
            printf("%d",a[i]);
```

注意：

定义数组时"数组名[常量表达式]"和引用数组元素时"数组名[下标]"的区别，前者描述该数组总共有多少个元素，后者描述当前引用的是哪一个数组元素。

例如：

```
int a[5];         //定义数组长度为 5
a[3]=10;          //引用 a 数组中序号为 4 的元素
```

【例 6.2】数组元素的引用。

【程序代码】

```
#include<stdio.h>
 int main()
{   int i,a[10];                //定义
    for(i=0;i<=9;i++)           //赋值
        a[i]=i;
    for(i=9;i>=0;i--)           //输出
        printf("%d    ",a[i]);
    return 0;
}
```

【运行结果】

```
9 8 7 6 5 4 3 2 1 0
```

【说明】由于数组元素的下标为 0～9，在该例中，利用一个循环语句分别给 a 数组各元素 a[0]，a[1]，a[2]，…，a[9]赋值为 0，1，2，…，9，再用一个循环语句对应 a[0]～a[9]按逆序将各元素值输出到屏幕。

6.1.4　一维数组的边界

数组元素被引用时，要注意数组元素下标不能超过数组的边界，即数组元素的下标应该是一个对数组而言的有效值，正确的下标边界为[0, 数组长度-1]。否则，就越界。

　　数组的下标是从 0 开始。为了解决数组边界问题，通常在数组声明中使用符号常量，在程序中需要使用数组大小的地方都直接引用符号常量，就可以保证在程序中所使用的数组大小一致性，避免超界。

　　【例 6.3】数组元素边界的控制。

```
#include<stdio.h>
#define   SIZE   4
int main()
    {   int arr[SIZE];
        for (i =0; i < SIZE; i++)
            …
    }
```

6.1.5 一维数组的应用

　　一组相同类型数据的操作可以用数组来实现，在程序执行过程中，可以对数组元素进行赋值、计算、输入、输出等操作，例如对数组动态赋值，可用循环语句配合 scanf 函数对数组元素逐个赋值。

　　【例 6.4】对数组元素进行基本操作。

　　【程序代码】

```
#include<stdio.h>
int main()
{   int a[10]={1,3,5,7,9},i;
    for (i =8; i <10; i++)
        scanf("%d",&a[i]);
    for (i =1; i <7; i++)
        a[i]*=2;
    for (i =0; i <10; i++)
        printf("%d,\n",a[i]);
    return 0;
}
```

　　【运行结果】

```
15
16
1,6,10,14,18,0,0,0,15,16,
```

　　【说明】在数组 a 中，由于数组长度为 10，在数组元素被引用时，要确保数组元素下标的范围在 0 和 9 之间。首先在数组定义时有 5 个数组元素被初始化，其余默认为 0；在第一个 for 语句中，从键盘输入了 3 个值，对后 3 个元素重新赋值；第二个 for 语句，给第 2 个元素到第 7 个元素原有的值翻倍；第三个 for 语句，将 10 个数据元素依次输出。

【例 6.5】查找数字序列中的最大值，并通过屏幕输出。

【程序代码】

```c
#include<stdio.h>
int main()
{   int i,max,a[10];
    printf("Input 10 numbers:\n");
    for(i=0;i<10;i++)
        scanf("%d",&a[i]);
    max=a[0];
    for(i=1;i<10;i++)
        if(a[i]>max)    max=a[i];
    printf("maxmum=%d\n",max);
    return 0;
}
```

【运行结果】

```
Input 10 numbers:
34 6 45 94 5 76 12 8 29 47↙
maxmum=94
```

【说明】本例中第一个 for 语句逐个输入 10 个数到数组 a 中，然后把 a[0]送入 max 中，作为 max 初值。在第二个 for 语句中，从 a[1]到 a[9]逐个与 max 中的值比较，若比 max 的值大，则把该数组元素值送入 max 中，因此 max 总是在已比较过的数组元素值中为最大者。比较结束，输出 max 的值。

【例 6.6】用数组来处理 Fibonacci 数列，求前 20 项的值。

【分析】求 Fibonacci 数列前 20 项，先定义一个长度为 20 的数组，将 0 号和 1 号单元赋初值为 1。其算法如图 6-2 所示。

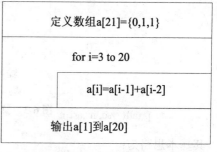

图 6-2　Fibonacci 数列 N-S 流程图

【程序代码】

```c
#include<stdio.h>
int main()
{ int    a[20]={1,1},i;
    for(i=2;i<20;i++)
        a[i]=a[i-1]+a[i-2];
    for(i=0;i<20;i++)
    {   if(i%4==0)
            printf("\n");
        printf("%10d",a[i]);
```

```
    }
    printf("\n");
    return 0;
}
```

【运行结果】

1	1	2	3
5	8	13	21
34	55	89	144
233	377	610	987
1597	2584	4181	6765

【例 6.7】用冒泡法对 10 个无序数从小到大进行排序。

【分析】冒泡法排序是借鉴气泡在水中从下往上排列成从小到大的情形，在排序过程中，将小的数如气泡般逐层上冒，而大的数逐个下沉达到数据从无序到有序的转换，称为"冒泡"。算法如图 6-3 所示。

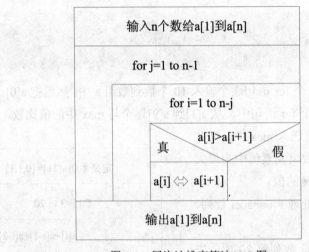

图 6-3　冒泡法排序算法 N-S 图

其基本思路为：

(1) 比较第一个数与第二个数，若 a[0]>a[1]，则交换这两个数；然后依次比较第二个数与第三个数；以此类推，直至第 $n-1$ 个数和第 n 个数比较为止，经过第一趟冒泡排序，找到了一个最大的数被放置在最后一个元素位置上。

(2) 对前 $n-1$ 个数进行第二趟冒泡排序，结果使次大的数被放置在第 $n-1$ 个元素位置上。

(3) 重复上述过程，共经过 $n-1$ 趟冒泡排序后，排序结束。

【程序代码】

```
#include<stdio.h>
int main()
{    int a[10],i,j,t;
     printf("Input 10 numbers:\n");        //数据输入
```

```
    for(i=0;i<10;i++)
        scanf("%d",&a[i]);
    printf("\n");

    for(j=0;j<=8;j++)                   //外循环
        for(i=0;i<10-j;i++)             //内循环
            if(a[i]>a[i+1])
            {t=a[i]; a[i]=a[i+1]; a[i+1]=t;}

    printf("The sorted numbers:\n");    //输出排序后的数据
    for(i=0;i<10;i++)
        printf("%d    ",a[i]);
    printf("\n");
    return 0;
}
```

【运行结果】

```
Input 10 numbers:
15 62 53 49 5 67 52 88 9 4✓
The sorted numbers:
4    5    9    15    49    52    53    62    67    88
```

【说明】总结上面的(1)～(3)过程，n 个数要比较 $n-1$ 轮，在每轮中比较的元素个数与第几轮有关，第 1 轮比较 $n-1$ 对，第 2 轮比较 $n-2$ 对，以此类推，第 $n-1$ 轮比较 1 对元素。本例中用两重循环来控制排序过程：外循环控制轮数，内循环控制每一轮中比较的元素对数。

$i=0$ 时，j 从 0 到 8，首先 a[0]与 a[1]进行比较，把其中较大的数给 a[1]，然后 j++，a[1]和 a[2]再比较，再把两者中的较大者给 a[2]，再 a[2]与 a[3]比较，依序，最后 a[8]与 a[9]比较，这样 a[9]中的值为 10 个数中的最大数，即最大的数像"冒泡"一样被找到。

$i=1$ 时，由于最大数已找到并放到 a[9]中，所以这一次 j 从 0 到 7 变化，每次是 a[j]和 a[j+1]两两比较交换，最后次大数放到 a[8]中。

然后 i++，j 的值动态变化，直至 i>9。

如果要求按降序排列，只需将 if(a[j]>a[j+1])改为 if(a[j]<a[j+1])即可。

6.2　二维数组

在现实问题中有很多数据是二维或多维的，因此 C 语言允许构造多维数组。本节重点介绍二维数组，多维数组可由二维数组类推而得到。

6.2.1 二维数组的定义

二维数组的定义形式为：

> 类型说明符　数组名 [常量表达式 1] [常量表达式 2];

其中，常量表达式 1 表示第一维下标的长度，常量表达式 2 表示第二维下标的长度。例如，int a[3][4]定义了一个三行四列的数组，数组名为 a，其数组元素的类型为整型。该数组的数组元素共有 3×4 =12 个，即

> a[0][0],a[0][1],a[0][2],a[0][3]
> a[1][0],a[1][1],a[1][2],a[1][3]
> a[2][0],a[2][1],a[2][2],a[2][3]

二维数组在概念上是二维的，也就是说其下标在两个方向上变化，数组元素在数组中的位置是处于一个平面之中。对于二维数组，可以把它看作是一种特殊的一维数组，即它的元素又是一个一维数组。

例如，可以把 a 看作是一个一维数组，它有 3 个元素：a[0]、a[1]、a[2]，每个元素又是一个包含 4 个元素的一维数组，a[0]、a[1]、a[2]为所构成的一维数组数组名，如图 6-4 所示。

这样来解析二维数组，是因为实际的硬件存储器是连续编址的，也就是说存储器单元是按一维线性排列的。因此，利用计算机来处理二维数组，有两种方式：一种是按行排列，即放完一行之后顺次放入第二行；另一种是按列排列，即放完一列之后再顺次放入第二列。在 C 语言中，二维数组是按行排列的，如图 6-5 所示，其数据按行顺次存放，先存放 a[0]行，再存放 a[1]行，最后存放 a[2]行。每行中有四个元素也是依次存放。由于数组 a 说明为 int 类型，该类型占四个字节的内存空间，所以每个元素均占有四字节。

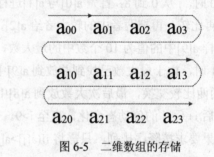

图 6-4　二维数组的解析　　　　　　　图 6-5　二维数组的存储

6.2.2　二维数组的初始化

二维数组初始化与一维数组一样可以在定义时给数组元素赋值。

二维数组初始化有如下方法：

(1) 分行对二维数组完全赋初值。例如：

> int a[2][3]={{59,43,70},{8,27,90}};

按行对二维数组的所有数组元素初始化，其特点是用来初始化的常量和数组元素的个数相等，如图 6-6 所示。

(2) 按行顺序完全赋初值。例如：

`int a[2][3] = {1, 2, 3, 4, 5, 6};`

按顺序第一行先赋值，再赋第二行，以此类推，如图 6-7 所示。

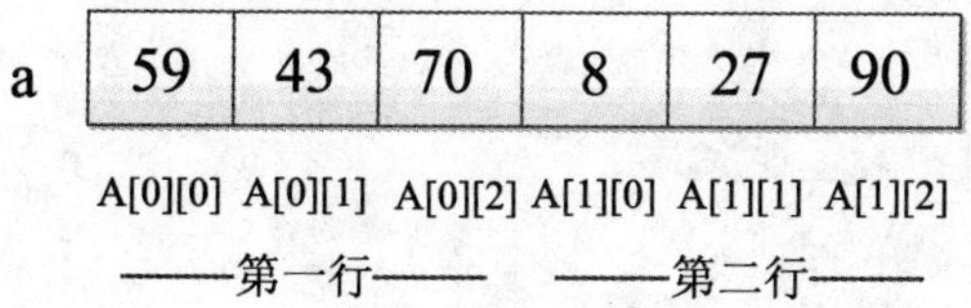

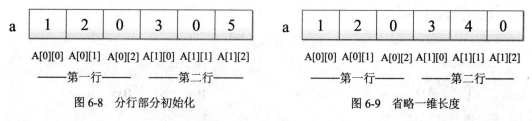

图 6-6 分行初始化 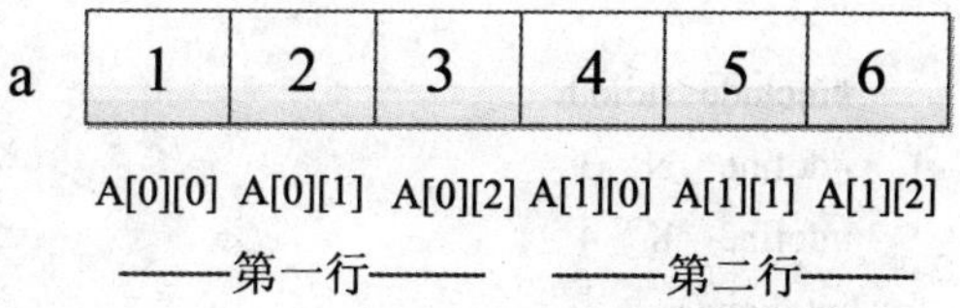   图 6-7 完全初始化

(3) 分行对部分元素赋值。例如：

`int a[2][3] = {{1, 2},{ 3, 0, 5}};`

数值序列，一对 { } 表示一行数，按行对数组元素赋值，不够用 0 填充，再赋第二行，以此类推，如图 6-8 所示。此类情况时，对未赋值的元素自动赋值 0，数据序列中的 0 不能省，后面的 0 可以省。

(4) 对全部元素赋初值，可以省略第一维的长度，第二维的长度不能省。例如：

`int a[ ][3] = { {1, 2}, {3, 4} };`

第一维的长度由初始化状态决定，如图 6-9 所示。每一行的初始化过程，满足一维数组初始化的规范要求。

图 6-8 分行部分初始化   图 6-9 省略一维长度

6.2.3 二维数组元素的引用

对二维数组元素的引用，要分别说明行号和列号的下标。其表示形式为：

`数组名[下标 1][下标 2]`

其中，下标可以是整型常量、整型变量或整型表达式。例如：

`int a[3][4] ;    //表示 a 数组有三行四列的元素`

【说明】

二维数组元素中的下标是该元素在数组中的位置标识，第 1 个下标表示其在行中的顺序，其值均为从 0 到下标 1 的值；第 2 个下标表示其在列中的顺序，其值均为从 0 到下标 2 的值。

【例 6.8】从键盘输入 12 个数，放入 3×4 数组中，然后输出其二维数组。

【程序代码】

```
#include<stdio.h>
#define    N    3
#define    K    4
int main()
{    int i,j;
     int a[N][K];                          //定义二维数组
     printf("请输入%d 个数组元素： ",N*K);
     for(i=0;i<N;i++)                       //输入二维数组各元素
        for(j=0;j<K;j++)
           scanf("%d",&a[i][j]);
     printf("二维数组为： \n ");            //输出二维数组
     for(i=0;i<N;i++)
     {   for(j=0;j<K;j++)
         printf("%5d",a[i][j]);
         printf("\n");
     }
     return 0;
}
```

【运行结果】

请输入 12 个数组元素： 1 2 3 4 5 6 7 8 9 10 11 12↙

二维数组为：

```
1    2    3    4
5    6    7    8
9   10   11   12
```

【说明】运用双层循环来处理二维数组，外层的 for 循环处理行，而内层的 for 循环处理每行中的各列。

6.2.4　二维数组的应用

【例 6.9】计算一个 3×3 的矩阵主对角线和次对角线各元素之和。

【分析】主对角线元素的特征为其元素下标的行号与列号值相等，而次对角线的元素其下标的列号为最大列号下标值减去对应行号下标值。

【程序代码】

```
#include<stdio.h>
```

```
int main()
{   int i,j,sum1=0, sum2=0;
    int a[3][3];
    printf("请输入 3*3 的矩阵元素值：  ");
    for(i=0;i<3;i++)
        for(j=0;j<3;j++)
            scanf("%d",&a[i][j]);
    printf("其矩阵为：\n");
    for(i=0;i<3;i++)
    {   for(j=0;j<3;j++)
        printf("%5d",a[i][j]);
        printf("\n");
    }
    for(i=0;i<3;i++)            //计算主对角之和
    sum1=sum1+a[i][i];
    for(i=0;i<3;i++)            //计算次对角之和
    sum2=sum2+a[i][2-i];
    printf("主对角线元素之和为：%5d\n",sum1);
    printf("次对角线元素之和为：%5d\n",sum2);
    printf("\n");
    return 0;
}
```

【运行结果】

```
请输入 3*3 的矩阵元素值：  123456789↙
其矩阵为：
1    2    3
4    5    6
7    8    9
主对角线元素之和为：        15
次对角线元素之和为：        15
```

【例 6.10】将一个 4×3 的矩阵转置。

【分析】矩阵转置就是将矩阵的行元素与列元素进行对换，从而得到一个数组下标中行号是原来列号，列号是原来行号的新矩阵数组。

【程序代码】

```
#include<stdio.h>
int main()
{   int  a[4][3],b[3][4],i,j;            //定义
    printf("请输入 4*3 的 a 矩阵元素值：  ");
    for(i=0;i<4;i++)
        for(j=0;j<3;j++)
            scanf("%d",&a[i][j]);
```

```
    printf("原矩阵为：\n");
    for(i=0;i<4;i++)
      {
      for(j=0;j<3;j++)
          printf("%5d",a[i][j]);
    printf("\n");
      }
    for(i = 0;i<4;i++)                //矩阵转置
        for(j = 0;j<3;j++)
          b[j][i] = a[i][j];
    printf("转置后的矩阵为：\n");
    for(i=0;i<3;i++)
      {
      for(j=0;j<4;j++)
          printf("%5d",b[i][j]);
    printf("\n");
      }
    return 0;
}
```

【运行结果】

```
请输入 4*3 的原矩阵元素值： 1 2 3 4 5 6 7 8 9 10 11 12 ✓
原矩阵为：
1    2    3
4    5    6
7    8    9
10   11   12
转置后的矩阵为：
1    4    7    10
2    5    8    11
3    6    9    12
```

【例 6.11】有一个 3×4 的矩阵，要求编程序求出其中值最大的那个元素的值，以及其所在的行号和列号。

【分析】将矩阵中的第一个元素作为 max 初值，与矩阵中的其他元素比较，并将大值存入到 max 变量中，同时记下其对应值的行号 row 和列号 column，直到全部元素为止，max 中即为其矩阵的最大值，行列号分别记录在 row 和 column 中。其算法如图 6-10 所示。

【程序代码】

```
#include<stdio.h>
int main()
```

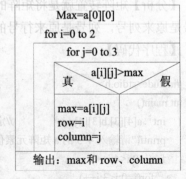

图 6-10 算法

```
{       int a[3][4],max,i,j;
        int row=0,column=0;
        printf("请输入矩阵的数值!\n");
        for(i=0;i<3;i++)
        for(j=0;j<4;j++)
                scanf("%d",&a[i][j]);
        max=a[0][0];
        for(i=0;i<3;i++)
        for(j=0;j<4;j++)
                if(max<a[i][j])
                {
                        max=a[i][j];
                        row=i;
                        column=j;
                }
        printf("矩阵中最大的元素为：%d\n",max);
        printf("行号为：%d,列号为：%d\n",row,column);
    return 0;
}
```

【运行结果】

请输入矩阵的数值！
10 23 45 8 69 76 53 21 59 90 50 3✓
矩阵中最大的元素为：90
行号为：2，列号为：1

6.3　字符数组

用来存放一系列字符数据的数组称为字符数组。它是 C 语言用来处理非数字量的常用数据类型。

6.3.1　字符数组的定义

在字符数组的定义中其数据类型为字符型，其他部分与前面的数值数组定义相同。例如：

```
char c[10];
    c[0]='H';c[1]= 'e';c[2]= 'l';c[3]= 'l';c[4]='o';c[5]= ' ';
```

定义了一个字符数组，包含 10 个元素。通过上述赋值，数组元素在内存中的状态如图 6-11 所示。

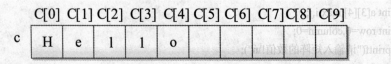

图 6-11 字符存储

字符型数据，每个元素占 1 个字节。由于字符型是整型数据的子集，字符型可与整型通用，可以定义上述为 int c[10]，但此时每个数组元素用整型的存储方式存储，占 4 个字节的内存单元。

字符数组可以是二维或多维数组。例如：

```
char c[5][10];
```

即为二维字符数组。第一维表示行号，第二维表示每一行中的各列。

6.3.2 字符数组的初始化

在字符数组定义时可以为其初始化，分别对字符数组元素赋值，可以对所有数组元素赋值，也可以部分赋值。

【说明】

(1) 字符数组在定义时部分初始化，对未赋值的字符数组元素置初值设为"空字符"，(参见附录 B)，其字符表示为'\0'，ASCII 值为 0。例如：

```
char   str[10]={'c', ' ', 'p', 'r', 'o', 'g', 'r', 'a', 'm'};
```

赋值后各元素的值如图 6-12 所示。

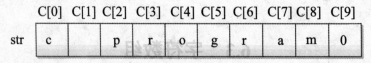

图 6-12 字符存储

其中 str[9]中未赋初值，此时由系统为其置初值'\0'。

(2) 字符数组在定义时完全初始化，可以省略其数组长度说明。例如：

```
char str[]={'c', ' ', 'p', 'r', 'o', 'g', 'r', 'a', 'm'};
```

此时 str 数组的大小为其所赋实际字符数据个数，其长度自动设定为 9。

(3) 如果在定义字符数组时不进行初始化，则数组中各元素的值是不可预料的。如果括号中提供的初值个数(即字符个数)大于数组长度，则按语法错误处理。

例如，char str[5]={ 'c', ' ', 'p', 'r', 'o', 'g', 'r', 'a', 'm'};是错误的。

(4) 二维字符数组初始化后其内容可以对多个字符串赋值。例如：

```
char c[5][10]={{'M', 'i ', 'c', 'r', 'o', 's', 'o', 'f', 't'} ,
{'V', 'i ', 's', 'u', 'a', 'l', ' '},
```

```
{'C','+','+',' '},
{'6','.','0'}};
};
```

（5）二维字符数组在初始化时，如果能确定有多少行，第一维长度可以缺省。例如：

```
char c[][5]={{'c', '+', '+'},{'j', 'a', 'v', 'a'}};
```

6.3.3　字符数组元素的引用

字符数组元素的引用形式同其他类型数组元素的引用一样，只是数组元素的值为字符型，所以字符数组元素的用法与字符变量相同。

【例 6.12】输出一个字符串。

【程序代码】

```
#include<stdio.h>
int main()
{   int i;
    char a[11]={'I',' ','a','m',' ','h','a','p','p','y','!'};
    for(i=0;i<11;i++)
    printf("%c",a[i]);
    printf("\n");
    return 0;
}
```

【运行结果】

```
I am happy!
```

【例 6.13】输出一个由"*"字符构成的菱形图案。

【分析】由字符构成的菱形图案，可用二维字符数组来构建其数据，然后按行输出即可。

【程序代码】

```
#include<stdio.h>
int main()
{   int i,j;
    char a[][5]={{' ',' ','*'},{' ','*','*','*'},{'*','*','*','*','*'},{' ','*','*','*'},{' ',' ','*'}};
    for(i=0;i<5;i++)
    {
        for(j=0;j<5;j++)
        printf("%c",a[i][j]);
        printf("\n");
    }
    return 0;
}
```

【运行结果】

```
*
***
*****
***
*
```

6.3.4 字符串的初始化

在 C 语言中没有定义专门的字符串类型，字符串通常是用一个字符数组来存放。对于字符数组而言，以'\0'作为字符的结束符。当把一个字符串存入一个数组时，也把结束符'\0'存入数组，并以此作为该字符串是否结束的标志。有了'\0'标志后，通过对'\0'标志在字符数组中相对位置的确定，就可以判定字符串的长度。

C 语言允许用字符串的方式对字符数组作初始化赋值。

【说明】

(1) 用字符对字符数组初始化。

例如：char c[]={'c', ' ','p','r','o','g','r','a','m', '\0'};

数组 c 在内存中的实际存放情况为：

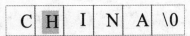

(2) 用字符串对字符数组初始化。

例如：char ch[6]={"CHINA"};

C	H	I	N	A	\0

(3) 用字符串对字符数组初始化时，可以省略 { }。

例如：char ch[6]="CHINA";

(4) 用字符串对字符数组初始化时，可以省略字符数组长度。

例如：char ch[] ="CHINA";

(5) 用字符串方式对字符数组赋值时，系统会自动在串尾加'\0'作为串结束符。因此，用字符串方式对字符数组赋值比用字符逐个赋值时多占一个字节，用于存放'\0'。

数组 ch 在内存中的实际存放情况为：

(6) 由于'\0'是由 C 编译系统自动加上的，所以在对字符串赋初值时见不到，由系统自行处理，但要考虑数组定义时的长度，多增加一个字符的开销。

6.3.5 字符串的输入/输出

在采用字符串方式后，字符数组的输入/输出将变得简单方便。字符串的输入/输出一般采用两种方法。

(1) 逐个字符的输入或输出：此方法同字符数组的引用一样，对其数组元素进行操作，用格式符"%c"来控制输入或输出一个字符。

(2) 将整个字符串一次输入或输出：用格式符"%s"来控制输入或输出一个完整字符串。

【说明】

(1) 调用 scanf 函数和 printf 函数，用"%c"作为其格式控制符，逐个进行字符数组元素的输入/输出，不以字符串结束符'\0'为结束标志。例如：

```
char c[10];
for(i=0;i<10;i++)
{    scanf("%c",&c[i]);
     printf("%c",c[i]);
}
```

(2) 也可以调用 getchar 函数和 putchar 函数，逐个进行字符数组元素的输入/输出。例如：

```
char c[10];
for(i=0;i<10;i++)
{    c[i]=getchar();
     putchar(c[i]);
}
```

(3) 调用 scanf 函数和 printf 函数，用"%s"作为其格式控制符，整体进行字符串的输入/输出，其输入/输出项是数组名而非数组元素。例如：

```
char st[15];
        scanf("%s",st);        //正确
        scanf("%s",&st);       //错误
        printf("%s\n",st);     //正确
        printf("%s\n",st[i]);  //错误
```

(4) 当用 scanf 函数输入字符串时，以空格或回车作为串结束标志，即字符串中不能含有空格，否则系统将以空格作为串的结束符处理。

(5) 当用 printf 函数输出字符串时，顺序读取字符串数据，遇到结束符'\0'，字符串输出结束。如果字符串中有多个'\0'存在，第一个'\0'作为字符串的结束符。例如：

```
char s[]={'c', '+','+','\0','V','C','+','+','\0',  '\0'};
printf("%s\n",s);
```

输出结果为：c++。

6.3.6　字符串处理函数

　　系统虽然没有为字符串提供基本数据类型，但 C 语言函数库中提供了字符串处理的函数，大致可分为字符串的输入、输出、连接、比较、复制等几类。使用这些函数，可以减轻字符数组代码编程的工作量。这些函数的原型在头文件< string.h >中(见附录 D)。

　　下面介绍几个最常用的字符串函数。

1. 字符串输出函数 puts

　　格式：puts(字符数组名)

　　功能：把字符数组中的字符串内容输出到显示器，即在屏幕上显示该字符串。

　　本函数在输出字符串内容后会自动换行。puts(字符数组名);相当于 printf("%s\n", 字符数组名);

　　【例 6.14】输出一个字符串到屏幕中。

　　【程序代码】

```
#include<stdio.h>
int main()
{    char c[]="C program!";
     puts(c);
     return 0;
}
```

　　【运行结果】

```
C program !
Press any key to continue
```

　　【说明】从运行结果可以看出，puts 函数在输出字符串内容后自动换行，结果成为两行。puts(c)相当于 printf("%s\n",c)。

2. 字符串输入函数 gets

　　格式：gets(字符数组名)

　　功能：从标准输入设备(键盘)上输入一个字符串。

　　本函数输入字符串时，以"回车"结束字符串的输入。函数得到一个为存放该字符数组首地址的返回值。

　　【例 6.15】从键盘输入一字符串，并输出到屏幕中。

　　【程序代码】

```
#include<stdio.h>
int main()
{    char st[15];
     printf("请从键盘输入字符串:");
```

```
    gets(st);
    printf("输入的字符串为:");
    puts(st);
    return 0;
}
```

【运行结果】

请从键盘输入字符串: How are you? ✓
输入的字符串为:How are you?

【说明】从上例中可以看出，当输入的字符串中含有空格时，输出仍为全部字符串。说明 gets 函数并不以"空格"作为字符串输入结束的标志，而只以"回车"作为输入结束，在这一点上与 scanf 函数不同。

3. 字符串连接函数 strcat

格式：strcat(字符数组 1,字符数组 2)

功能：连接两个字符数组中的字符串，把字符数组 2 连接到字符数组 1 的后面，结果存放在字符数组 1 中。该函数返回值是字符数组 1 的首地址。

【例 6.16】字符串连接函数应用实例。

【程序代码】

```
#include<string.h>
#include<stdio.h>
int main()
{   char st1[30]="我的名字是:   ";
    char st2[10];
    printf("请输入你的名字:");
    gets(st2);
    strcat(st1,st2);
    puts(st1);
    return 0;
}
```

【运行结果】

请输入你的名字:王伟✓
我的名字是: 王伟

字符串连接函数应用时要注意：

(1) 字符数组 1 的长度必须足够大，以便容纳连接后的新字符串，否则会出现数组长度不够的问题。

(2) 连接前两个字符串的后面都有'\0'，连接时将字符串 1 的'\0'取消，只在新串后保留一个'\0'。

4. 字符串复制函数 strcpy 和 strncpy

格式：strcpy(字符数组 1,字符串 2)

　　　　strncpy(字符数组 1,字符串 2,n)

功能：strcpy 是把字符串 2 复制到字符数组 1 中，串结束标志'\0'也一同复制。strncpy 是把字符串 2 中最前面 n 个字符复制到字符数组 1 中，取代字符数组 1 中最前面的 n 个字符。

【例 6.17】strcpy 函数应用实例。

【程序代码】

```c
#include<string.h>
#include <stdio.h>
int main( )
{    char string[10];
     char str1[] = "abcdefg";
     strcpy(string, str1);
     printf("%s\n", string);
     return 0;
}
```

【运行结果】

```
abcefg
```

【例 6.18】strncpy 函数应用实例。

【程序代码】

```c
#include<string.h>
#include <stdio.h>
int main( )
{    char string[10]="123456789";
     char str[] = "abcdefgh";
     strncpy(string, str,3);
     printf("%s\n", string);
     return 0;
}
```

【运行结果】

```
abc456789
```

对字符串复制函数有以下注意事项：

(1) 字符数组必须定义得足够大，以便于容纳被复制的字符串，即字符数组的长度不应小于字符串表达式的长度。

(2) 字符数组 1 必须是字符数组名，如 str，而字符串 2 既可以是字符数组名，也可以是字符串常量或其他形式，如 strcpy(str1,"China")。

(3) 在字符串复制过程中，字符串 2 中的内容会复制到字符数组 1 中，取代相应位置的内容，若字符数组 1 还没有被取代的部分，将会保持原来的内容不变。

(4) 不能用赋值语句来实现字符串复制函数的功能。将一个字符串常量或字符数组直接赋给一个字符数组，那样将是非法的。例如：

```
str1="China";
str2=str1;
```

(5) 在使用 strncpy 函数中，当 n 大于字符数组 1 中原有的字符个数(不包括'\0')时，要在字符数组 1 的串尾加'\0'.

5. 字符串比较函数 strcmp

格式：strcmp(字符串 1,字符串 2)

功能：将两个字符串自左至右逐个字符相比，直到出现不同的字符或两个字符串都结束时，由函数返回值返回比较结果。

函数返回值特征：

```
字符串 1 = 字符串 2，返回值=0；
字符串 1 > 字符串 2，返回值>0；
字符串 1 < 字符串 2，返回值<0。
```

对字符串比较函数需要注意的是，不能用关系运算来实现字符串比较函数的功能。例如：

```
if(str1>str2)    printf("yes");        //错误
if(strcmp(str1,str2)>0)
        printf("yes");               //正确
```

【例 6.19】strcmp 函数应用实例。

【程序代码】

```
#include<string.h>
#include<stdio.h>
int main()
{   int k;
    char str1[15],str2[]="C Language";
    printf("请输入字符串 str1:    ");
    gets(str1);
    k=strcmp(str1,str2);
    if(k==0)    printf("%s = %s\n",str1,str2);
    if(k>0)     printf("%s > %s\n",str1,str2);
    if(k<0)     printf("%s < %s\n",str1,str2);
    return 0;
}
```

【运行结果】

```
请输入字符串 str1: C language
C language > C Language
```

6. 字符串长度测试函数 strlen

格式：strlen(字符串)

功能：计算字符串的实际长度(不包含字符串结束标志'\0')，作为其函数返回值。

【例 6.20】字符串长度测试函数 strlen 函数应用实例。

【程序代码】

```c
#include<string.h>
#include<stdio.h>
int main()
{   int k;
    char str[]="C language";
    k=strlen(str);
    printf("The length of the string is %d\n",k);
    return 0;
}
```

【运行结果】

```
The length of the string is 10
```

6.4   数组应用实例

【例 6.21】将一个整数插入到已排好序的数组中，使其依然有序(假设数组是按从大到小的顺序排列)。

【分析】由于数组元素是从大到小排序的，首先找插入位置 i：把欲插入的数与数组中各数逐个比较，当找到第一个比插入数小的元素时，该位置即为插入位置；然后移动数组元素，从数组最后一个元素开始到该位置元素为止，逐个后移一个单元；最后把插入数插入到位置 i 处。

【程序代码】

```c
#include<stdio.h>
int main()
{   int i,j,p,q,s,n,a[11]={ 162,127,105,87,68,54,28,18,6,3};
    for(i=0;i<10;i++)
        printf("%d    ",a[i]);
    printf("\nInput   a number:");
```

```
    scanf("%d",&n);
    for(i=0;i<10;i++)
        if(n>a[i])
    {
        for(s=9;s>=i;s--)
        a[s+1]=a[s];
        break;
    }
    a[i]=n;
    for(i=0;i<=10;i++)
    printf("%d ",a[i]);
    printf("\n");
    return 0;
}
```

【运行结果】

```
162 127 105 87 68 54 28 18 6 3
Input a number: 30
162 127 105 87 68 54 28 30 18 6 3
```

【说明】本程序首先对数组 a 中的 10 个数从大到小排序并输出排序结果。输入要插入的整数 n。再用一个 for 语句把 n 和数组元素逐个比较,如果发现有 n>a[i]时,则由一个内循环把 i 以下各元素值顺次后移一个单元。后移应从后向前进行(从 a[9]开始到 a[i]为止),后移结束跳出外循环。插入点为 i,把 n 赋予 a[i]即可。若所有的元素均大于被插入数,则并未进行过后移工作。此时 i=10,结果是把 n 赋予 a[10]。最后一个循环输出插入数后的数组各元素值。

【例 6.22】在 3×4 的二维数组 a 中选出各行最大的元素组成一个一维数组 b。例如:

```
a=(  3    16    87    65
     4    32    11    108
    10    25    12    37 )
b=(  87   108   37)
```

【分析】本题的编程思路是,分别找出 a 数组各行的最大元素,之后再把该值赋予数组 b,即数组 a 第一行的最大值作为数组 b 第一个元素,数组 a 第二行的最大值作为数组 b 第二个元素,数组 a 第三行的最大值作为数组 b 第三个元素。

【程序代码】

```
#include<stdio.h>
int main()
{   int a[][4]={3,16,87,65,4,32,11,108,10,25,12,37};
    int b[3],i,j,t;
    for(i=0;i<=2;i++)                              //行控制
```

```
    {   t =a[i][0];
        for(j= 0;j<=3;j++)                  //列控制
            if(a[i][j]> t)    t =a[i][j];    //寻找每一行中最大的元素
        b[i]= t;                            //将最大的元素保存在数组 b 中
    }
    printf("Array a:\n");                    //输出数组 a 各元素
    for(i=0;i<=2;i++)
    {   for(j=0;j<=3;j++)
        printf("%5d",a[i][j]);
        printf("\n");
    }
    printf("Array b:\n");                    //输出数组 b 各元素
    for(i=0;i<=2;i++)
        printf("%5d",b[i]);
    printf("\n");
    return 0;
}
```

【运行结果】

```
Array a:
3    16    87    65
4    32    11    108
10    25    12    37
Array b:
87 108    37
```

【说明】程序中用双重循环实现每一行中最大元素的寻找，其外循环控制 i 行，并把每行的第 0 列元素作为初始最大值赋予变量 t，而内循环控制列，把 t 与各列元素比较，找到该行最大的元素，然后把 t 值赋予 b[i]；等外循环全部完成时，数组 b 中已装入了 a 各行中的最大值；后面再将数组 a 和数组 b 分别输出。

【例 6.23】输入 5 个国家的名称，并按字母顺序排列输出。

【分析】5 个国家名称可以保存在一个二维字符数组中，其中，每个一维字符数组代表一个国家名称。5 个字符串的比较可以选用选择法、排序法(或者冒泡法)进行排序，其中字符串的比较可以调用 strcmp 函数。

【程序代码】

```
#include<stdio.h>
#include<string.h>
int main()
{   char st[20];
    char cs[5][20];                     //定义二维字符数组
```

```
    int i,j,p;
    printf("Input 5 country's name:\n");
    for(i=0;i<5;i++)                        //输入 5 个国家的名称
        gets(cs[i]);
    for(i=0;i<5;i++)                        //采用选择法进行字符串的比较
    { p=i; strcpy(st,cs[i]);
      for(j=i+1;j<5;j++)
       if(strcmp(cs[j],st)<0)
         { p=j;                             //保留较小的元素位置
           strcpy(st,cs[j]);                //保留较小的字符串
         }
       if(p!=i)
       {
          strcpy(st,cs[i]);
          strcpy(cs[i],cs[p]);
          strcpy(cs[p],st);
       }
     }
    printf("The sorted country's name:\n""");
    for(i=0;i<5;i++)                        //输出排序后的 5 个国家名称
        puts(cs[i]);
    return 0;
}
```

【运行结果】

```
Input 5 country's name:
France
China
Australia
England
Russia
The sorted country's name:
Australia
China
England
France
Russia
```

【说明】C 语言允许把一个二维数组按多个一维数组处理，本程序定义了二维字符数组 cs[5][20]，又可分解为 5 个一维字符数组，其中 cs[0]、cs[1]、cs[2]、cs[3]和 cs[4]分别表示 5 个字符串，因此本程序调用 gets 函数从键盘输入 5 个国家的名称；然后采用选择法进行字符串的比较，算法实现的关键是利用双重循环完成按字母串的排序，外层循环中把行号 i 和字符数组 cs[i]保存，分别赋值给 p 和数组 st，进入内层循环后，把 st 与 cs[i]以后的

各字符串作比较，若有比 st 小者则把该字符串复制到 st 中，并把其下标赋予 p，当内循环完成后，如果 p 不等于 i，说明有比 cs[i]更小的字符串出现，因此交换 cs[i]和 st 的内容。至此已确定了数组 cs 的第 i 号元素的排序值。然后输出该字符串。在外循环全部完成之后完成全部排序和输出。

6.5 小 结

数组定义：数组是一系列具有相同类型的数据集合。

1. 一维数组

(1) 数组定义形式：类型说明符 数组名[常量表达式];

其中，常量表达式中可以是常量或符号常量，但不允许是变量。

(2) 数组元素的引用形式：数组名[下标]

其中，数组元素下标可以是任何整型常量、整型变量或任何整型表达式。

(3) 对数组元素初始化，可以全部赋初值，也可以部分赋初值，对全部数组元素赋值时可以不指定长度，但部分赋初值时一定要指定长度。

(4) 数组元素的运算与简单变量一样。

(5) 使用数值数组时，不可以一次引用整个数组，只能逐个引用元素。

(6) 使用字符数组时，可以逐个字符引用，也可以字符串整体引用。

2. 二维数组

(1) 数组定义形式：类型说明符 数组名[常量表达式 1][常量表达式 2];

其中，常量表达式 1 表示最大的行数，常量表达式 2 表示最大的列数。

(2) 数组元素的引用形式：数组名[下标 1] [下标 2]

其中，下标 1 表示行号顺序号，下标 2 表示列号顺序号，分别从 0 开始编号。

(3) 数组初始化时，可以把所有数据写在一对花括号内，也可以分行用 { { }, { }, { } …} 的形式。

(4) 对二维数组元素初始化，可以全部赋初值，也可以部分赋初值，在全部数组元素赋值时可以省略第一维长度，第二维不可以省略。

3. 字符数组

(1) 字符数组定义形式：char 数组名[常量表达式];

char a[10]：字符数组 a 长度为 10，每个元素只能存放一个字符。

(2) 字符数组初始化，可以是字符常量或字符串常量的形式，系统会在字符串常量的结尾处自动加结束符'\0'.

```
char a[]={'h','a','p','p','y'};
char a[]="happy";
char a[]={"happy"};
```

注意，因为字符串结尾自动加'\0'，所以 char a[]="happy"长度为 6，不是 5。

(3) C 语言中没有字符串类型，字符串的输入、存储、处理和输出可以通过字符数组实现。

(4) 字符串的输入

- 调用系统 scanf 函数，可以使用%c 以字符的形式输入，等价于字符数组元素的操作。
- 调用系统 scanf 函数，可以使用%s 以字符串的形式输入。

注意：

调用系统 scanf 作字符串输入时，其数组名 a 前不用加&，因为 a 是数组名，已经代表了数组首地址。

以%s 输入时，以第一个非空格字符开始，终止于第一个空格字符。

- 调用系统 gets 函数，作用为输入一个字符串，以回车结束。

注意：

如果输入的字符数组内容包含空格字符，要选用 gets 函数，其输入的空格字符会存放在数组中，若采用 scanf 函数，会出现内容遗漏的情况。

(5) 字符串的输出

- 调用系统 printf 函数，可以使用%c 逐个字符输出，等价于字符数组元素的操作。
- 调用系统 printf 函数，用%s 以字符串的形式输出。
- 调用系统 puts 函数，输出一个字符串，结尾自动换行。

4. 常用字符串处理函数要在程序的头部包含头文件<string.h>

(1) strlen()的作用是测试字符串长度，不包括'\0'。

调用方式：strlen(数组名或字符串常量)，返回一个整数。

(2) strcat()的作用是连接两个字符串。

调用方式：strcat(字符串 1,字符串 2);

合并后的字符串存放在字符串 1 中。

(3) strcmp()比较两个字符串是否相等。

调用方式：strcmp(字符串 1,字符串 2);

相等时值为 0。字符串 1>字符串 2 时为正数。字符串 1<字符串 2 时为负数。

(4) strcpy()复制字符串。

调用方式：strcpy(字符串 1,字符串 2);

将字符串 2 的内容复制到字符串 1 中。

6.6　习　　题

1. C语言中数组下标的下限是(　　)。

　　A. 1　　　　　　　B. 0　　　　　　C. 视具体情况　　　D. 无固定下限

2. 定义具有 10 个 int 型元素的一维数组 a，则以下定义语句中错误的是(　　)。

　　A. #define　N 10　　　　　　　B. #define　n　5

　　　　int a[N]　　　　　　　　　　　int a[2*n]

　　C. int a[5+5]　　　　　　　　　D. int n=10,a[n];

3. 以下能正确定义二维数组的是(　　)。

　　A. int a[][3];　　　　　　　　　B. int a[][3]={2*3};

　　C. int a[][3]={};　　　　　　　D. int a[2][3]={{1},{2},{3,4}};

4. 程序

```
void main()
{    int    p[7]={11,13,14,15,16,17,18},i=0,j=0;
     while(i++<7)
     if (p[i]%2)   j+=p[i];
     printf("%d\n",j);
}
```

执行后输出结果是(　　)。

　　A. 42　　　　　　B. 45　　　　　　C. 56　　　　　　D. 60

5. 以下能正确定义字符串的语句是(　　)

　　A. char str[]={'\064'};　　　　　B. char str='\x43';

　　C. char str=' ';　　　　　　　　D. char str[]="\0";

6. 以下程序运行的输出结果是_____。

```
   void   main()
{    char   a[ ]= "Language", b[ ]= "Programe";
     char   *p1,*p2; int k;
     p1=a; p2=b;
     for(k=0; k<=7; k++)
     if(*(p1+k)==*(p2+k))
     printf("%c ",*(p1+k));
}
```

7. 以下程序运行的输出结果是_____。

```
 void    main()
{    int    a[3][3]={{1,2,9},{3,4,8},{5,6,7}},i,s=0;
     for(i=0;i<3;i++)
     s+=a[i][i]+a[i][3-i-1];
     printf("%d ",s);
}
```

8. 求 100 之内的素数。输出其素数，每行最多输出 10 个数。
9. 由键盘输入 10 个整数，倒序输出。

第7章　函　　数

　　程序设计初学者常常受困于实际问题如何编程。其实，一个有效的方法就是学会分解任务，将复杂的问题分解开来，如将超级大的分为大的、中的、小的、超小的，直到能用很直接的方法解决。早在 1965 年，E.W.Dijikstra 就提出了结构化程序设计(structured programming)的思想：建议程序设计的方法要采用"自顶向下、逐步求精、模块化设计、结构化编程"的思路，其中，各个模块相对独立、功能单一、结构清晰、接口简单。面向结构化程序设计的程序就可以控制整个程序设计的复杂性，缩短开发周期，方便程序的维护和功能扩充，增强程序的易读性，加强调试和移植的便利。

　　C 语言是结构化程序设计的典型语言之一，不仅提供了极为丰富的系统库函数(简称为库函数，参见附录 D)，还允许用户建立自己的函数(简称为用户函数)。由于库函数是由 C 系统提供的，用户无须定义，也不必在程序中作原型说明，在使用过程中只要在程序的前面使用预包含即可，但用户函数要先定义后调用，本章就是重点针对用户函数进行讲述。

本章应掌握的内容

- 系统函数、系统函数库
- 用户函数：函数定义、函数调用、函数声明
- 函数返回语句：return
- 参数传递：值传递、地址传递
- 函数的调用：递归调用、嵌套调用
- 变量生存期：动态存储、静态存储
- 变量作用域：块作用域、函数作用域、文件作用域、外部作用域、工程作用域
- 存储类别：auto、static、extern、register

7.1　函数概述

　　函数是用于完成特定任务的程序代码所构成的一个独立单元。不同的函数具备不同的功能，我们在实际编程中可以把复杂的问题分解成一个个相对独立的函数，然后用调用的方法来使用函数，这样就可以方便地实现模块化程序设计，使程序的层次结构清晰，便于程序的编写、阅读、调试和移植。

　　用户自定义函数(简称为用户函数)是特定任务的体现，如在实际问题中，用户可以把若干个整数的排序、一行文字的输出、任意年份闰年的判别、求任意数阶乘等这些特定任务用函数来定义，用户函数只要定义一次，就可以像使用库函数那样的方便，被多次调用。

函数的基本划分如图 7-1 所示。

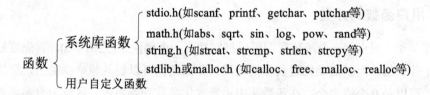

图 7-1　C 语言的函数划分

在实际编程中，用户编写的程序可以表示为各个函数组合而成，其中包含主函数和其他函数。

注意：
本章就是围绕用户自定义函数的定义、调用、声明进行讲述。

7.2　函数的定义

7.2.1　函数的定义形式

函数的定义包含函数头和函数体两部分。函数头由函数返回值类型、函数名和函数参数按一定形式组合而成。函数体由实现该函数功能的代码组合而成，常常由说明部分和执行部分构成，如图 7-2 所示。

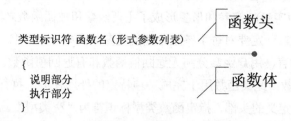

图 7-2　函数的定义形式

其中
- 类型标识符：指明了本函数的类型，实际上就是函数返回值的类型，默认为 int 型。
- 函数名：由用户定义的标识符，要符合 C 语言的标识符命名规则。
- 形式参数列表：可以有参数，也可以无参数，如果有参数，必须对函数的每一个形参都进行类型说明，如果无参数，括号不可少。
- 说明部分：对函数体内部所用到的变量进行类型说明，或对后面定义的函数进行声明。

● 执行部分：是实现该函数的一系列代码。

7.2.2　用户函数的分类

"黑匣子"观点：一个函数我们可以把它视为一个黑匣子(见图 7-3)。首先要知道它的功能是干什么的，而不需要知道具体的代码，即函数体可以暂且忽略；第二，要知道传入什么数，可以是 0 个或多个，在函数头中用形式化参数列表表示，区分为有参函数和无参函数；第三，要知道传出什么结果，即返回什么数，可以是 0 个或 1 个，返回值的类型在函数头中用类型标识符表示，区分为无返回值函数和有返回值函数。

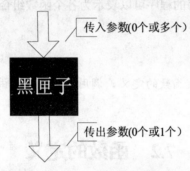

传入参数(0个或多个)

黑匣子

传出参数(0个或1个)

图 7-3　黑匣子示意图

针对传入参数而言，用户函数分为无参函数和有参函数。

(1) 无参函数：通常用来完成一组指定的功能时，不依赖外部的数据。形式参数列表为空，可以用 void 表示，也可以不表示。在函数定义、函数声明及函数调用中均不带参数。

(2) 有参函数：通常用来完成一定的功能时要依据外部传入的参数，因此，在函数定义时对传入的参数，即形式参数(简称为形参) 要进行定义。在函数调用时也必须给出参数，称为实际参数(简称为实参)。实参和形参形成了主调函数和被调函数之间的参数传送机制。如果有多个形式参数，一定要对每个参数分别说明参数类型、参数名。

针对传出参数而言，用户函数分为无返回值函数和有返回值函数。

(1) 无返回值函数：此类函数用于完成某项特定的处理任务，执行完成后不向调用者返回函数值。在函数定义的头部，指定函数类型标识符为"空类型"，用 void 表示。函数的返回可以使用 return 语句但不带任何值，也可以不用 return 语句。

(2) 有返回值函数：此类函数用于完成某项特定的处理任务，执行完成后将向调用者返回一个执行结果，称为函数返回值。在函数定义的头部，必须指定函数的类型标识符，即函数执行完后返回值的类型。函数值的返回使用 return 语句，后面带上要返回的值。

【例 7.1】定义一个函数，实现一串加号字符(如＋＋＋＋＋＋＋＋)的输出。

【程序代码】

```
#include <stdio.h>
void output( )              //函数的定义
```

```
{      printf("+++++++++++++++\n");   }
 void    main( )
 {    output( );                  //函数的调用
 }
```

【运行结果】

```
+++++++++++++++
```

【说明】此函数的功能是完成一串加号字符的输出，无须传入，也无须传出，output 函数是一个无参、无返回值的函数。

【例 7.2】定义一个函数，计算 1～100 的累加求和。

【程序代码】

```
#include <stdio.h>
 int    sum1 ( )                  //函数的定义
 {
     int i,s=0;
     for(i=1;i<=100;i++)
         s+=i;
     return s;
 }
 void    main()
 {
     int s;
     s=sum1( );                   //函数的调用
     printf("1+2+3+…+100=%d\n",s);
 }
```

【运行结果】

```
1+2+3+…+100=5050
```

【说明】此函数的功能是完成一组固定数据 1～100 的"累加求和"，无须传入，但需要将计算的结果传出，sum1 函数是一个无参、有返回值的函数。

【例 7.3】定义一个函数，求[m,n]之间一组奇数的和。

【程序代码】

```
#include <stdio.h>
 int    sum2(int m,int n )                 //函数的定义
 {    int i,s=0;
     for(i=m;i<=n;i+=2)
         s+=i;
     return s;
 }
 void    main()
```

```
{  int s,a,b;
   printf("Please enter a,b:");
   scanf("%d,%d",&a,&b);
   s=sum2(a,b);                        //函数的调用
   printf("The sum of odd number is %d\n",s);
}
```

【运行结果】

```
Please enter a,b: 1,100✓
The sum of odd number is 2500
```

【说明】此函数的功能是典型算法"累加求和"的扩展，需要传入任意两个数，因此要对两个形参分别说明，其计算的结果需要传出，sum2 函数是一个有参、有返回值的函数。

【例 7.4】定义一个函数，对任意数是否是素数进行判别，输出"是"或"否"。

【程序代码】

```
#include <stdio.h>
 void   isLeap(int num )              //函数的定义
 {  int i;
    for(i=2;i<= num /2;i++)
    if(num %i==0)    { printf("No\n");    break;}
    if(i>num/2)        printf("Yes\n");
    return ;
}
 void    main()
 {  int n;
    printf("Please enter a number:");
    scanf("%d",&n);
    isLeap(n);                        //函数的调用
}
```

【运行结果】

```
Please enter a number:40✓
No
```

【说明】此函数的功能是完成一个典型算法"判素数"，需要传入 1 个数，将被除数设在[2, num/2]之间，在判断中，只要有一个数能被整除，则是"非素数"，只有所有数都不能被整除，才是"素数"，其判断的结论在 isLeap 函数内部输出即可。isLeap 函数是一个有参、无返回值的函数。

7.3 函数的调用

用户函数一旦定义，编程人员就可以像使用库函数一样方便地使用用户函数。用户函数的使用要遵循"先定义，后调用"的规则，就像 C 语言中的变量一样。

在函数的调用中也可以调用另一个函数，这样的情形被称为嵌套调用。根据函数是主动执行还是被动执行，又把函数划分为主调函数和被调函数。如 main 函数只能作为程序执行的起始函数，只能充当主调函数，其他函数则既可作主调函数也可作被调函数。图 7-4 表示了两层嵌套的情形。其执行过程是：执行 main 函数中执行调用 a 函数的语句时，即转去执行 a 函数，在 a 函数中调用 b 函数时，又转去执行 b 函数，b 函数执行完毕返回 a 函数的断点继续执行，a 函数执行完毕返回 main 函数的断点继续执行，直至 main 函数执行结束。

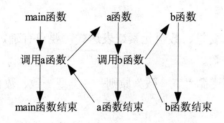

图 7-4 函数嵌套调用示例

7.3.1 函数的调用形式

在 C 语言中，要根据用户函数的传入参数和传出参数决定其调用形式。其调用的基本形式为：

函数名(实参列表)

(1) 对于无参函数的调用，由于形参列表为空，实参列表也为空。

(2) 对于有参函数的调用，由于形参列表非空，实参列表一定非空。在函数调用时，根据形参和实参的不同形式，实现"虚—实结合"，分别有"传值"与"传地址"两种方式。

(3) 对于无返回值函数的调用，函数的调用单独充当一条语句。

例如，例 7.1 函数的调用：output();

例如，例 7.4 函数的调用：isLeap(233);

(4) 对于有返回值函数的调用，函数的调用不能单独充当一条语句，只能在其他语句中出现。

例如，例 7.2 函数的调用：printf("1+2+3+…+100=%d\n",sum1());

例如，例 7.3 函数的调用：printf("%d\n",sum2(100,200));

7.3.2　函数调用时的参数传递

函数的参数分为形式参数和实际参数。形式参数是函数定义时函数名后面括号中的参数，也称为"形参"或"虚参数"。实际参数是函数调用时函数名后面括号中的参数，也称为"实参"或"实参数"。

在函数调用时，根据形参和实参的不同形式，实现"虚-实结合"，分别有"传值"与"传地址"两种方式。

下面先讲述函数调用时参数传递的"传值"方式。"传地址"将在 7.5 节中详细讲述。

"传值"是在函数调用时，实参向形参传递数值的方式。在函数调用之前，形参不分配空间；在函数调用时，形参分配空间，形参接受从实参传递过来的值；在函数调用结束时，形参分配的空间被释放。"传值"也被称为"单向值传递"，由于实参和形参分别占据不同的存储单元，在函数调用中是对形参进行操作，形参的变化不会影响实参的变化，实参向形参传值，反之不传。

【说明】

(1) 实参可以是常量、变量、数组元素或表达式，要求有确定的值。

(2) 形参一般为普通变量。

(3) 实参与形参一定要遵循"三一致"原则——类型一致、数目相等、顺序对应，否则会发生错误。

【例 7.5】定义一个 swap 函数，实现任意两个整数的交换。

【程序代码】

```c
#include <stdio.h>
void swap(int x,int y)                //swap 函数的定义
{   int t;
    t=x;   x=y;   y=t;
    return;
}
void   main()
{   int a,b;
    printf("Please enter 2 numbers: ");
    scanf("%d%d",&a,&b);
    printf("Before swap:a=%d,b=%d\n",a,b);
    swap(a,b);                        //swap 函数的调用
    printf("After swap:a=%d,b=%d\n",a,b);
}
```

【运行结果】

```
Please enter 2 numbers:10    33✓
 Before swap:a=10,b=33
 After swap:a=10,b=33
```

【说明】此实例演示了一个用户自定义函数的定义、调用的过程，在 swap 函数调用过程中，将两个实参 a、b 的值传递给了两个形参 x、y，实现了"单向值传递"，因此在交换之前和交换之后 a、b 的值都是一样的，并没有实现真正的"交换"。

7.3.3　函数的返回值

函数的返回值是指函数被调用之后，执行函数体中的程序段所取得的结果返回给主调函数的值。

(1) 函数的值只能通过 return 语句返回主调函数。

return 语句的一般形式为：

```
return 表达式;
```

或者：

```
return (表达式);
```

该语句的功能是计算表达式的值，并返回给主调函数。在函数中允许有多个 return 语句，但每次调用只能有一个 return 语句被执行，因此只能返回一个函数值。

(2) 函数值的类型和函数定义中函数类型标识符应保持一致。如果两者不一致，则以函数类型为准，自动进行类型转换。

(3) 如果函数值为整型，在函数定义时可以省去类型说明。

(4) 不返回函数值的函数，可以明确定义为"空类型"，类型说明符为 void。

7.3.4　函数的声明

对于用户自定义函数，要在程序中遵从"先定义，后调用"的规则，如果调用在前，定义在后，就要在调用之前对该被调函数进行声明，然后才能调用，呈现"先声明，再调用，后定义"的形式。对函数的声明用函数原型来表示，声明的作用则是把函数的名称、函数类型以及形参类型、个数和顺序通知编译系统，以便在调用该函数时系统按此进行对照检查，函数原型是使编译器发现函数使用时可能出现的错误或疏漏的最有效的方法。如果被调函数的返回值是整型或字符型，C99 标准中已经不再支持函数 int 类型的默认设置，也必须声明。

1. 函数的声明形式

函数声明形式就是将函数的头部单独作为一条语句，也可以省略形式化参数列表中的形参名，但形参的类型一定要保留。

其一般形式为：

```
类型标识符　函数名(类型　形参 1,类型　形参 2…);
```

或者为：

类型标识符　函数名(类型,类型…);

2. 函数声明的位置

函数原型声明可以放在文件的开头，这时所有函数都可以使用此函数；也可以放在主调函数的前面，供主调函数调用。

【例 7.6】定义一个 max 函数，对任意两个数进行较大数的判断。

【程序代码】

```
#include <stdio.h>
int max(int x,int y);              // max 函数的声明
void    main()
{    int a,b,p;
     printf("Please enter 2 numbers: ");
     scanf("%d%d",&a,&b);
     p= max(a,b);                 // max 函数的调用
     printf("The max is %d\n",p);
}
int max(int x,int y)              // max 函数的定义
{    int z;
     z=x>y?x:y;
     return(z);
}
```

【运行结果】

```
Please enter 2 numbers:10    33↙
The max is 33
```

【说明】此实例演示了一个用户函数 max 的声明、调用、定义的过程，在 main 函数中调用了 max 函数，将两个实参 a、b 的值传递给了两个形参 x 和 y，实现了"单向值传递"。

注意：

在函数调用时，形参和实参实现"虚—实结合"。

"传值"是实参向形参单向传递数值，实参和形参分别占据不同的存储单元，形参的变化不会改变实参的变化，即"单向值传递"。

7.4　函数的递归调用

7.4.1　递归调用

C 允许一个函数在调用过程中直接或间接地调用其本身，这种调用过程被称为函数的

递归调用。

当一个函数调用自己时，如果编程中没有设定可以终止递归的条件检测，它会无限制地进行递归调用，所以递归调用的定义一定要有终止的时刻(即递归结束的条件)，因此在进行递归调用时需谨慎处理。

【例 7.7】定义一个阶乘函数 fac，满足下面表达式：

$$n! = \begin{cases} 1 & (n = 0,1) \\ n \cdot (n-1)! & (n > 1) \end{cases}$$

【分析】在 fac 函数中，当参数 n 等于 0 或者 1 时，函数值为 1 即为递归调用的结束条件；当 n 大于 1 时，实现递归调用，转变为 n 乘以(n-1)阶乘的函数调用。还有由于阶乘的值可能很大，要考虑数据的类型。

【程序代码】

```
#include <stdio.h>
long fac(int n)                          //阶乘函数的定义
  {   long int f;
      if(n<0)
        {printf("n<0,data error!"); f=-1;}
      else if(n==0 || n==1)              //递归调用结束条件
            f=1;
      else    f=fac(n-1)*n;              //函数的递归调用
      return(f);
  }
int main()
  {   printf("%ld\n",fac(5));            //阶乘函数的调用
      return 0;
}
```

【运行结果】

120

【说明】在 main 函数执行过程中，调用了求 5 的阶乘函数。在 fac(5)中，又要先求 fac(4)，在求 fac(4)中，又要先求 fac(3)，在求 fac(3)中，又要先求 fac(2)，在求 fac(2)中，又要先求 fac(1)，在求 fac(1)时，返回 1，继而返回 fac(2)的值，继而返回 fac(3)的值，继而返回 fac(4)的值，继而返回 fac(5)的值，最终返回到 main 函数处，输出其值。每当 fac 函数被调用时，都存在形参空间的分配和参数的传递，每当返回时，都存在函数值返回和形参空间的释放。

下面为本例在递归调用过程中各变量的变化情形：

变量	n	f	n	f	n	f	n	f	n	f
第 1 次调用	5	随机数								
第 2 次调用	5	随机数	4	随机数						

第 3 次调用	5	随机数	4	随机数	3	随机数				
第 4 次调用	5	随机数	4	随机数	3	随机数	2	随机数		
第 5 次调用	5	随机数	4	随机数	3	随机数	2	随机数	1	1
第 1 次返回	5	随机数	4	随机数	3	随机数	2	2		
第 2 次返回	5	随机数	4	随机数	3	6				
第 3 次返回	5	随机数	4	24						
第 4 次返回	5	120								
第 5 次返回										

【例 7.8】定义一个 Fibonacci 函数，求 Fibonacci 数列的前 20 项。

Fibonacci 数列满足下面表达式：

$$\begin{cases} F_1 = 1 & (n=1) \\ F_2 = 1 & (n=2) \\ F_n = F_{n-1} + F_{n-2} & (n \geqslant 3) \end{cases}$$

【分析】在 Fibonacci 函数中，当参数 n 等于 1 或 2 时，即为递归调用的结束条件；而当 n 大于 2 时，实现递归调用，转变为递归函数 Fibonacci(n-1)与 Fibonacci(n-2)的两次调用。同上例，由于数列的值可能很大，要考虑到数据的类型。

【程序代码】

```
#include <stdio.h>
long Fibonacci(int n)                      //函数的定义
{   if(n==1 || n==2)
    return 1;                              //递归结束的条件
    else
    return Fibonacci(n-1)+ Fibonacci(n-2); //递归函数的调用
}
int main()
{   int i;
    for(i=1;i<20;i++)
    {   printf("%14ld",Fibonacci(i));      //函数的调用
        if(i%5==0) printf("\n");           //换行
    }
    printf("\n");
    return 0;
}
```

【运行结果】

1	1	2	3	5
8	13	21	34	55
89	144	233	377	610
987	1597	2584	4181	

【说明】该例是一个二次递归函数的调用。如计算 Fibonacci(5)时，变成了 Fibonacci(3)和 Fibonacci(4)递归函数的调用，第 3 项、第 4 项又是递归函数的调用。在输出中控制了输出格式，每个数据占 14 位，5 个数据为一行。

7.4.2　递归调用的优缺点

使用递归调用既有优点又有缺点。其优点在于：代码简洁清晰，可读性好。其缺点在于：效率较低，还可能导致栈溢出，耗尽计算机的内存资源，造成死机。

如果是一般尾递归(即最后一条代码进行递归)和单向递归(函数中只有一个递归调用地方)都可以用循环来避免递归。

【例 7.9】将例 7.7 定义的阶乘函数 fac 用循环改写。

【程序代码】

```
long fac(int n)
{ long t=1;
   int i;
   for(i=1;i<=n;i++)
       t*=i;
   return t;
}
```

注意：

递归的定义一定要有结束递归调用的条件，否则会无休止地调用，致使计算机资源耗尽，出现死机现象。

7.5　数组作为函数的参数传递

数组作为函数参数要区分两种情况，第一种情况是数组元素作为函数的参数，其数组元素有确定的值，实现的是"传值"；第二种情况是数组名作为函数的参数，其数组名代表给数组分配的一段连续存储空间的起始地址，实现的是"传地址"。

7.5.1　数组元素作为函数参数

用数组元素作为实参时，与普通变量作为函数的参数是一样的。由编译系统分别给形参变量和实参变量分配两个不同的内存单元。在函数调用时将实参的值传送给形参，实现参数的"虚—实结合"，达到"单向值传递"的功效。

【例 7.10】定义一个 fun 函数，对任意两个整数进行求和。

【程序代码】

```
#include <stdio.h>
int fun(int x,int y)
```

```
{   return(x+y); }                      //函数的定义
int main()
{   int a=1,b=2,c=3,sum1,sum2,sum3,sum4;
    int s[3]={1,2,3};
    sum1=fun (a,b);                      //函数的调用
    sum2=fun(fun (a,b),c);               //函数的调用
    printf("%d,%d\n",sum1,sum2);
    sum3=fun(s[0],s[1]);                 //函数的调用
    sum4=fun(fun(s[0],s[1]),s[2]);       //函数的调用
    printf("%d,%d\n",sum3,sum4);
    return 0;
}
```

【运行结果】

```
3，6
3，6
```

【说明】此实例演示了一个用户自定义函数的定义、调用的过程，函数的递归调用，还验证了"虚—实结合"。分别表现为：

(1) 在函数第一次调用过程中，语句 sum1=fun (a,b);是将 a、b 的值作为实参，分别传递给了两个形参 x 和 y。

(2) 在函数第二次调用过程中，语句 sum2=fun(fun (a,b),c);是将 fun (a,b)函数的值作为第 1 个实参，c 的值作为第 2 个实参，分别传递给了两个形参 x 和 y，其中 fun (a,b)函数的调用，是将 a、b 变量作为函数的实参。

(3) 在函数第三次调用过程中，语句 sum3=fun(s[0],s[1]);是将 s[0]、s[1]数组元素的值作为实参，分别传递给两个形参 x 和 y。

(4) 在函数第四次调用过程中，语句 sum4=fun(fun(s[0],s[1]),s[2]);是将 fun(s[0],s[1])函数的值作为第 1 个实参，s[2]的值作为第 2 个实参，分别传递给了两个形参 x 和 y；其中 fun(s[0],s[1])函数的调用，是将 s[0],s[1]两个数组元素作为函数的实参。

上面四种实参的形式虽然看起来好像不一样，但都是实现"单向值传递"，由于其初始值一样，其结果也一样。

7.5.2　数组名作为函数参数

在用数组名作函数参数时，不是进行值传送，而是进行地址传递。

"传地址"是实参将地址传给形参，实参和形参共享相同的地址，形参的变化就有可能会改变实参所对应的量，即"双向地址传递"，这种方式称为"地址传递"，也称为"双向传递"。

当数组名作为函数参数时，因为数组名就是数组的首地址，形参在函数被调用前不占内存，当函数被调用时，编译系统不为形参数组分配内存，而是把实参数组的首地址赋予

形参，使形参与实参占用同样的存储单元；在函数调用过程中，形参与实参就是同一数组，对形参的改变就是对实参的改变。当函数调用结束，形参被释放，实参单元可能发生了改变。

双向传递的特点：由于形参与实参占用同样的存储单元，函数调用中发生的数据传送是双向的，相当于能把实参的值传送给形参，形参又把值反向传给实参。因此在函数调用过程中，形参的初值和实参相同，当形参的值发生改变时，实参同时发生变化，两者的终值也相同。

【说明】

(1) 当形参定义为数组，实参必须是地址常量、地址变量、数组名或指针。

(2) 在函数形参表中，允许不给出形参数组的长度，或用另一个变量来表示数组元素的个数。

例如，可以写为：

```
void sort_1(int array[ ])
```

或写为

```
void sort_2(int array[ ],int n)
```

其中，形参数组 array 的长度没有给出，sort_1 函数中由主调函数的实参决定，sort_2 函数中由 n 值动态地表示，这样在编程中更具有灵活性。

【例 7.11】定义一个函数，用选择法对数组中 10 个整数按由小到大排序。

【分析】选择法就是先将 10 个数中最小的数与 a[0]对换；再将 a[1]到 a[9]中最小的数与 a[1]对换，以此类推，每比较一轮，找出一个未经排序的数中最小的一个元素所在的位置，再将该元素一次交换到实际的位置，这样 10 个数共比较 9 轮。

【程序代码】

```
#include <stdio.h>
int main()
{   void sort(int array[],int n);          //函数的声明
    int a[10],i;
    printf("Enter array 10 numbers:\n");
    for(i=0;i<10;i++)
       scanf("%d",&a[i]);
    sort(a,10);                           //函数的调用
    printf("The sorted array:");
    for(i=0;i<10;i++)
       printf("%d ",a[i]);
    printf("\n");
    return 0;
}
void sort(int array[],int n)              //函数的定义
```

```
{   int i,j,k,t;
    for(i=0;i<n-1;i++)
    {   k=i;                          //每轮中先以 i 位置的元素值作为最小值
        for(j=i+1;j<n;j++)
            if(array[j]<array[k])
                k=j;                  //修改最小值的位置
        t=array[k];                   //将当前轮中最小值的元素交换到 i 的位置
        array[k]=array[i];
        array[i]=t;
    }
}
```

【运行结果】

```
Enter array 10 numbers:10 33 22 100 -50 2 334 56 99 -12✓
The sorted array:-50 -12 2 10 22 33 56 99 100 334
```

【说明】此例演示了一个用户自定义函数的声明、调用、定义的过程。在函数定义中，两个形参分别是数组和普通变量，在函数调用中，分别实现"传地址"和"传值"。在函数调用时，参数 1 是将实参 a 数组的起始地址传递给了形参数组 array，使得形参 array 与实参 a 共享相同的存储空间，在 sort 函数调用时，对数组 array 的排序实质上就是对数组 a 的排序，在 sort 函数调用结束后，形参数组 array 消失，实参 a 数组元素是排序后结果，实现了"双向地址传递"。参数 2 是将常量 10 传递给形参 n，实现了"单向值传递"。

【例 7.12】定义一个 average 函数，对任意个学生成绩进行平均成绩计算。

【程序代码】

```
#include <stdio.h>
float average(float array[ ],int n)              //函数的定义
{   int i;
    float aver,sum=array[0];
    for(i=1;i<n;i++)
        sum=sum+array[i];
    aver=sum/n;
    return(aver);
}
int main( )
{   float   score[10];
    int i;
    printf("enter score:\n");
    for(i=0;i<10;i++)
    scanf("%f",&score[i]);
    printf("The average is %.2f:\n", average(score,10));     //函数的调用
    return 0;
}
```

【运行结果】

```
enter score:10 60 70 100 80 77 88 99 20 92↙
The average is 69.60
```

【说明】在 average 函数调用时，编译系统将实参数组 score 的首地址传递给了形参数组 array，在 average 函数中，实现了数组 array 的 n 个元素的平均值计算，且将计算结果作为函数调用的返回值。

【例 7.13】用函数实现字符数组的输入和输出。

【程序代码】

```
#include <stdio.h>
void func1( char str[ ] )              //数组名作为函数的形参
{    printf("Please enter a string: ");
     gets(str);
}
void func2( char str[ ] )              //数组名作为函数的形参
{    printf("The string is :");
     puts(str);
}
int main( )
{    char    a[10];
     func1(a);                         //数组名作为函数的实参
     func2(a);                         //数组名作为函数的实参
     return 0;
}
```

【运行结果】

```
Please enter a string:Visual C++↙
The string is : Visual C++
```

【说明】本例中，实参是字符数组，形参也必须是字符数组，但形参数组可以不指明长度，实际长度在函数调用时由实际参数决定。调用时，实参数组将首地址 a 赋值给形参数组 str，两个数组共同占用相同的内存单元，在函数 func1 中实现了对字符数组 str 的改变，实质上是完成数组 a 的改变；因此在函数 func2 被调用时，实参 a 和形参 str 两个数组共同占用相同的内存单元，得以对字符数组的输出。

注意:

在函数调用时，形参和实参实现"虚-实结合"。

"传地址"是实参将地址传给形参，实参和形参共享相同的地址，形参的变化就有可能改变实参所对应的量，即"双向地址传递"。

7.5.3　多维数组名作为函数参数

多维数组名也可以作为函数的参数，在函数调用时，实参与形参实现"虚—实结合"，这里讨论多维数组名作为函数的参数。以二维数组为例，二维数组名作为函数参数时，形参的语法形式是：

类型说明符　形参名[常量表达式 1][常量表达式 2]

形参数组也可以省略第一维长度的大小说明。由于实参代表了数组名，是"地址传递"，二维数组在内存中是按行优先存储，并不真正区分行与列。在形参中，就必须指明列的个数才能保证实参数组与形参数组中的数据一一对应。因此，形参数组中第二维的长度是不能省略的。

例如：int array[3][10]或 int array[][10]是正确的。int array[3][ ]或 int array[][]是错误的。

调用函数时，与形参数组相对应的实参数组必须也是一个二维数组，而且它的第二维的长度与形参数组的第二维的长度必须相等。

【例 7.14】用函数实现二维矩阵的输入和转置。

【程序代码】

```c
#include<stdio.h>
#define M 3
#define N 4
void convert(int array1[M][N],int array2[N][M])    //定义矩阵转置函数
{   int i,j,t;
    for(i=0;i<M;i++)
        for(j=0;j<N;j++)
            array2[j][i]=array1[i][j];
}
int main()
{   int i,j;
    int a[M][N],b[N][M];
    printf("Input 3*4 array:");
    for(i=0;i<M;i++)
    for(j=0;j<N;j++)
        scanf("%d",&a[i][j]);
    printf("Original array:\n");              //输出转换之前 a 矩阵的值
    for(i=0;i<M;i++)
        { for(j=0;j<N;j++)
            printf("%4d",a[i][j]);
          printf("\n");
        }
    printf("\n");
    convert(a,b);                             //调用矩阵转置函数
    printf("Convert array:\n");               //输出转换之后 b 矩阵的值
    for(i=0;i<N;i++)
```

```
    { for(j=0;j<M;j++)
          printf("%4d",b[i][j]);
      printf("\n");
    }
  return 0;
}
```

【运行结果】

```
Input 3*4 array: 1 2 3 4 5 6 7 8 9 10 11 12↙
Original array:
1    2    3    4
5    6    7    8
9   10   11   12
Convert array:
1    5    9
2    6   10
3    7   11
4    8   12
```

7.6　变量的作用域和生存期

7.6.1　作用域

作用域是指描述程序中可以访问的一个或多个区域，即变量有效性的范围，称为变量的作用域。C 语言中所有的变量都有自己的作用域。首先，根据变量所在的空间角度可以将变量划分为全局变量和局部变量。再根据变量的作用域范围来分，可划分为块作用域、函数作用域、文件作用域、外部作用域和工程作用域。其中，局部变量作用于前两种，全局变量作用于后 3 种。

1. 局部变量分类及作用域

局部变量也称为内部变量。它分为以下几种情况：

(1) 在函数头部定义的形参属于局部变量，称为"形参局部变量"；在函数体内定义的变量，称为"一般局部变量"。它们的作用域仅限于本函数内，离开该函数后再使用这种变量是非法的。这种 C 变量的作用域称为"函数作用域"。

(2)在复合语句中也可以定义变量，称为"块局部变量"，其作用域只在复合语句范围，离开该复合语句后再使用这种变量是非法的。这种 C 变量的作用域称为"块作用域"。

【例 7.15】示范不同局部变量的作用域，如图 7-5 所示。

【程序代码】

```
int fun1(int a,int b)       //a,b 为形参局部变量
{
   int c;                   //c 为一般局部变量
      { int   d;            //d 为块局部变量
          …
      }
   return ( c);
}
int main()
{
   int m,n;                 //m,n 为一般局部变量
   …
}
```

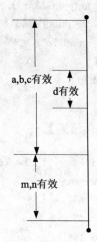

图 7-5　不同局部变量的作用域示意图

【说明】在函数 fun1 内有四个变量，a,b 为形参局部变量，c 为一般局部变量，d 为块局部变量。a,b,c 的作用域限于 fun1 函数内，d 的作用域限于复合语句块内。同理，在 main 函数中，m,n 为一般局部变量，其作用域限于 main 函数内。

(3) 允许在不同的函数中使用相同的变量名，它们代表不同的对象；也允许在同一函数中，块变量与局部变量同名；它们分配不同的单元，互不干扰，也不会发生混淆。当同名时，块变量优先于局部变量，局部变量优先于全局变量。

【例 7.16】示范同名局部变量的作用域，如图 7-6 所示。

【程序代码】

```
#include <stdio.h>
int main()
{   int i=2,j=3,k;
    k=i+j;
    { int k=8;
      printf("%d\n",k);
    }
    printf("%d\n",k);
    return 0;
}
```

图 7-6　同名局部变量作用域示意图

【运行结果】

```
8
5
```

【说明】本程序在 main 函数中定义了 i,j,k 三个变量，其中 k 未赋初值。而在复合语句内又定义了一个变量 k，并赋初值为 8。应该注意这两个 k 不是同一个变量。因此第 4 行的 k 为 main 所定义，其值应为 5。第 6 行输出 k 值，由复合语句内定义的 k 起作用，故

输出值为 8，第 8 行输出的 k 应为 main 所定义的 k，此 k 值由第 4 行已获得为 5，故输出也为 5。

2. 全局变量分类及作用域

全局变量也称为外部变量，它是在函数外部定义的变量。它分为以下几种情况：

(1) 在函数外部定义的变量。它不属于哪一个函数，它属于一个源程序文件。其作用域是从定义变量的位置开始到本源文件结束，离开该文件后再使用这种变量是非法的。这种 C 变量的作用域称为文件作用域。

如果同一个源文件中全局变量与局部变量同名，则在局部变量的作用范围内，全局变量被"屏蔽"，即局部变量优先于全局变量。

【例 7.17】定义两个函数，分别使用两个全局字符变量和两个局部字符变量，如图 7-7 所示。

【程序代码】

```
#include <stdio.h>
void fun1(char a, char b)
{   printf("%c%c",a,b);}
char a='A',b='B';       //全局变量定义
void fun2( )
{   a='C'; b='D'; }
int main( )
{   fun2( );
    printf( "%c%c",a,b);
    fun1('E', 'F');
    printf("\n");
    return 0;
}
```

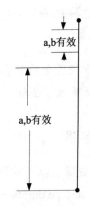

图 7-7　全局部变量作用域示意图

【运行结果】

CDEF

【说明】本程序在 fun1 中定义了 a,b 两个形参局部变量，这两个变量的作用域限定在该函数内部，之后定义了两个全局变量 a,b，其作用域从定义开始直至本源文件结束，即在后续的 fun2 函数和 main 函数中都有效，都可以使用这两个全局变量。

(2) 在函数外部定义的变量，如果在定义点之前的函数想引用该外部变量，则应该在引用之前用关键字 extern 对该变量作"外部变量声明"，表示该变量是一个已经定义的外部变量。其作用域从声明该变量的位置开始到该源文件结束。这种 C 变量的作用域称为"外部作用域"。

【例 7.18】用 extern 声明外部变量，扩展程序文件中的作用域。

【程序代码】

```
#include <stdio.h>
```

```
    extern A,B;
    int main()
    {
        printf("%d %d\n", A,B);
        return 0;
    }
    int A=13,B=-8;
```

【运行结果】

```
13 -8
```

【说明】该例中，变量 A、B 用关键字 extern 作声明后，就可以先使用后定义了。

(3) 有 extern 说明的其他源文件。若 C 程序由多个文件组成，在某一个文件中定义的外部变量，如果在另一个文件中想引用该外部变量，则应该在引用之前用关键字 extern 对该变量作"外部变量声明"，表示该变量是一个已经定义的外部变量，其作用域在整个工程内有效。这种 C 变量的作用域称为"工程作用域"。

注意：

应尽量少使用全局变量，因为全局变量在程序全部执行过程中占用存储单元，不利于节省空间。既降低了函数的通用性、可靠性、可移植性，又会降低程序清晰性，容易出错。

7.6.2　生存期

一个 C 变量有以下两种存储方式：静态存储方式(static storage duration)和自动存储方式(automatic storage duration)。如果一个变量具有静态存储方式，它在程序执行期间将一直存在，全局变量就具有这样的特征，还有使用 static 关键字标示的局部变量也具有静态存储方式；而局部变量具有自动存储方式，在该函数被调用时，将为这些变量分配空间；当退出该函数时，分配的内存将被释放。迄今为止，我们使用的局部变量都属于自动类型(默认关键字为 auto)。

1. auto 变量

函数中的局部变量，如不专门声明为 static 存储类别，都是动态分配存储空间的，数据存储在动态存储区中。函数中的形参局部变量和在函数中的一般局部变量，包括在复合语句中定义的块局部变量，都属此类。这类局部变量称为自动变量。

自动变量是用关键字 auto 作存储类别的声明。关键字 auto 可以省略，隐含为"自动存储类别"，属于动态存储方式。例如：

```
    int b,c=3;        //定义 b，c 自动变量
```

等同于：

```
    auto int b,c=3;   //定义 b，c 自动变量
```

【说明】

(1) 自动变量(即动态局部变量)属于动态存储类别，占动态存储空间，在调用该函数时系统会给它们分配存储空间，在函数调用结束时就自动释放这些存储空间。

(2) 对自动变量赋初值是在函数调用时进行，每调用一次函数重新赋一次初值，相当于执行一次赋值语句。

(3) 如果在定义自动变量时不赋初值，它的值是一个不确定的值(即随机数)。

2. static 变量

全局变量都是放在静态存储区中的。一般局部变量都是 auto 存储，但有时希望函数中局部变量的值在函数调用结束后不消失而保留原值，这时就应该指定局部变量为"静态局部变量"，用关键字 static 进行声明。

【说明】

(1) 静态局部变量属于静态存储类别，在静态存储区内分配存储单元，在程序整个运行期间都不释放。

(2) 静态局部变量在编译时赋初值，即只赋初值一次。

(3) 如果在定义局部变量时不赋初值，则对静态局部变量来说，编译时自动赋初值 0(对数值型变量)或空字符(对字符变量)。

【例 7.19】比较 static 局部变量和 auto 局部变量。

【程序代码】

```c
#include<stdio.h>
int fun(int x,int y)
{   static int m=0,n=2;     //m,n 为 static 局部变量
    n+=m+1;
    m=n+x+y;
    return m;
}
int main()
{   int i=1,j=2,k;          //j,i,k 为 auto 局部变量
    k=fun(i,j);    printf("%d\n",k);
    k=fun(i,j);    printf("%d\n",k);
    return 0;
}
```

【运行结果】

```
6
13
```

【说明】此例验证了 static 和 auto 两种不同的存储方式对局部变量的影响。

图 7-8 所示为本例在执行过程中各变量生存期及参数值的变化情形。

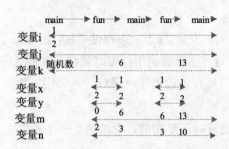

图 7-8 各变量生存期及参数值的变化情形

3. register 变量

一般情况下，全局变量和局部变量要么在静态存储区中要么在动态存储区中，但有时某些变量使用频繁，希望变量的存取操作时间缩短，这时采用 CPU 中的寄存器进行存取操作，用关键字 register 进行声明，这种变量叫做寄存器变量。由于寄存器变量是硬件实现的，主要是加快速度。

例如：register int count;

7.6.3　变量的作用域和生存期总结

变量的作用域和生存期如表 7-1 所示。

表 7-1　变量的作用域和生存期

说明	局部变量			外部变量	
存储类别	auto	register	局部 static	外部 static	外部
存储方式	动态		静态		
存储区	动态存储器	寄存器	静态存储区		
生存期	函数调用开始至函数结束		程序整个运行期间		
作用域	定义变量的函数和复合语句内			本文件	其他文件
赋初值	每次函数调用时重新赋值		编译时赋初值，只赋一次		
未赋初值	不确定，为随机数		自动赋初值 0 或空字符		

7.7　小　　结

1. 结构化程序设计的思想

把计算机程序设计成相对独立、功能单一的若干模块组成。模块化设计具有逻辑清晰、层次分明的优点。结构化程序设计的精髓就是"自顶向下，逐步求精，模块化设计，结构化编程"。

2. 函数的定义

函数是具有一定功能的一个程序块。定义的形式为：

```
类型标识符　函数名(形参列表)
{  说明部分
    执行部分
}
```

在函数定义中不可以再定义函数，即不能嵌套定义函数。

3. 函数的返回值

函数通过 return 语句返回一个值，返回值的类型与函数类型标识符要一致。函数中可以出现多个 return 语句，但只执行一次 return，执行完 return 语句，整个函数体将退出函数。

4. 函数的声明

函数要遵从"先定义，后调用"，或"先声明，再调用，后定义"的规则。函数的声明一定要有函数名、函数返回值类型、函数参数类型，但不一定要有形参的名称。

5. 函数的参数(形参、实参)

函数的参数区分为形参和实参。形式参数是函数定义时函数名后面括号中的参数，也称为"形参"或"虚参数"。实际参数是函数调用时函数名后面括号中的参数，也称为"实参"或"实参数"。

6. 函数的调用

在函数调用时，根据形参和实参的不同形式，实现"虚－实结合"，分别有"传值"与"传地址"两种方式。"传值"是实参向形参单向传递数值，实参和形参分别占据不同的存储单元，形参的变化不会改变实参的变化，即"单向值传递"。"传地址"是实参将地址传给形参，实参和形参共享相同的地址，形参的变化就有可能改变实参所对应的量，即"双向地址传递"。

7. 函数的嵌套调用

一个函数可以调用其他的函数，每个函数既可以作为主调函数，也可以作为被调函数，例外的是主函数 main，只能作为主调函数，并且作为整个运行程序的入口处。

8. 函数的递归调用

函数直接或间接地调用自己称为函数的递归调用。递归调用必须有一个明确结束的条件，否则可能无休止地调用，造成计算机资源耗尽，出现死机。

9. 变量的作用域和生存期

变量有效的代码空间为作用域，变量只有在作用域内才能被引用，可以分为局部变量和全局变量。变量有效的运行时间为生存期，变量只有在生存期内才存在，可以分为静态存储和动态存储。

7.8 习　　题

1. 设函数 fun 的定义形式为：

```
void   fun(char   ch, float   x )   {  …  }
```

则以下对函数 fun 的调用，正确的是(　　)。

    A. fun("abc",3.0);   B. t=fun('D',16.5);   C. fun('65',2.8);   D. fun(32,32);

2. 有以下程序

```c
#include   <stdio.h>
void swap1(int c[])
{   int t;
    t=c[0]; c[0]=c[1]; c[1]=t;
}
void swap2(int c0,int c1)
{   int t;
    t=c0;c0=c1;c1=t;
}
void main( )
{   int a[2]={3,5},b[2]={3,5};
    swap1(a) ;
    swap2(b[0],b[1]);
    printf("%d  %d   %d  %d\n",a[0],a[1],b[0],b[1]);
}
```

    其输出结果是(　　)。

    A. 5 3 5 3   B. 5 3 3 5   C. 3 5 3 5   D. 3 5 5 3

3. 有以下程序

```c
#include <stdio.h>
void sort(int a[],int   n)
{   int i,j,t;
    for(i=0;i<n-1;i+=2)
       for(j=i+2;j<n;j+=2)
           if(a[i]<a[j])
              {   t=a[i];a[i]=a[j];a[j]=t;}
}
void main()
{   int aa[10]={1,2,3,4,5,6,7,8,9,10},i;
```

```
    sort(aa,10);
    for(i=0;i<10;i++)
        printf("%d,",aa[i]);
    printf("\n");
}
```

其输出结果是(　　)。

A. 1,2,3,4,5,6,7,8,9,10,　　　　　　B. 10,9,8,7,6,5,4,3,2,1,

C. 9,2,7,4,5,6,3,8,1,10,　　　　　　D. 1,10,3,8,5,6,7,4,9,2,

4. 以下程序的输出结果是(　　)。

```
#include  <stdio.h>
int x=3;                       //全局变量
void  incre()
{   static  int   x=1;          //静态局部变量
    x*=x+1;
    printf("  %d",x);
}
void   main()
{   int i;                      //动态局部变量
    for (i=1;i<x;i++)
        incre();
}
```

　　A. 3　　3　　　　　　B. 2　　2　　　　　C. 2　　6　　　　　D. 2　　5

5. 函数 fun 的功能是计算 x^n

```
#include   <stdio.h>
double fun(double x,int n)
{   int i;
    double   y=1;
    for(i=1;i<=n;i++)
        y=y*x;
    return y;
}
```

主函数中已经正确定义 m,a,b 变量并赋值，调用 fun 函数计算：$m=a^4 + b^4 -(a+b)^3$，实现这一计算的函数调用语句为＿＿＿＿＿＿＿＿＿＿＿＿＿＿＿＿＿＿＿＿＿＿＿＿＿。

6. 以下程序运行后的输出结果是＿＿＿＿＿＿＿＿。

```
#include   <stdio.h>
int fun(int   a)
{   int b=0;
    static int c=3;
    b++; c++;
```

```
        return(a+b+c);
    }
    void main()
    {   int i,a=5;
        for(i=0;i<3;i++)
            printf("%4d %4d",i,fun(a));
        printf("\n");
    }
```

7. 简单计算器的实现，分别用函数实现两个整数 m 和 n 的加、减、乘、整除、求余、以及阶乘 $m!$、幂次 m^n 的计算。

8. 编写一个判素数的函数，用返回值 0 或 1 分别表示素数或非素数的状态。

9. 编程实现对 100～200 之间所有数是否素数的判别。

10. 编程实现对 100～200 之间素数和非素数的数目统计。

第8章 指 针

指针是 C 语言中一种重要的数据类型。在 C 语言程序设计中，利用指针可以直接对内存中各种不同结构的数据进行快速处理，同时也为函数间各类数据的传递提供了便捷的方法。指针操作是与计算机系统内部资源密切相关的一种处理形式。因此，正确熟练地使用指针可以编写简洁明快、性能强、质量高的程序。然而，指针的不当使用也会使程序失控并产生严重的错误。因此，充分理解和掌握指针的概念和使用方法，是学习 C 语言程序设计的重点内容。本章将全面讨论指针的实质以及它在数据处理中的应用。

本章应掌握的内容
- 指针和指针变量的概念
- 指针的运算规则
- 指针和数组、字符串之间的关系
- 指针作为函数参数的定义和调用方法
- 行指针和列指针的定义和使用方法

8.1 指针和地址

8.1.1 变量的地址

程序一旦被执行，则该程序中的指令、常量和变量等都要存放在计算机的内存中。计算机的内存是以字节为单位的一片连续的存储空间，每个字节都有一个编号，这个编号就称为内存的地址。它就类似于一座大宾馆内每套住房的门牌号码，没有房间号，宾馆的工作人员就无法进行管理。同样的道理，没有内存单元的编号，系统无法对内存进行管理。因为内存的存储空间是连续的，所以地址编号也是连续的。地址与存储单元之间一一对应，而且是存储单元的唯一标志。注意：存储单元的地址和它里面存放的内容完全是两回事。

如果在程序中用说明语句定义了一个变量，系统会根据变量的数据类型给它分配一定大小的内存空间。例如，若在一个源程序中定义了如下变量：

```
short a=3;
int b=100;
long int c=8;
char d='a';
```

假如系统给变量 a 分配的地址是 1000，给变量 b 分配的地址是 1002，给变量 c 分配的地址是 1006，给变量 d 分配的地址是 1010，则得到如图 8-1 所示的内存分配示意图。为了方便使用这些变量，高级语言提供了通过变量名而不是地址来访问内存的方法，这样一来，在内存中已没有 a、b、c 和 d 等变量名，只有系统给变量名与图 8-1 所示地址间建立的一张对应关系表。有了这张对应关系表，对变量进行的访问操作就都是通过地址进行的。对变量进行访问时，不外乎要进行读取变量的值和对变量赋值两种操作，即读/写操作。如果执行 printf("%d", a);这条语句，则根据变量 a 与地址的对应关系，找到变量 a 的地址 1000，然后从 1000 开始的两个存储单元中取出数据(即变量值 3)，并把它输出到显示器，这就是读操作。如果执行赋值操作"b=100;"，即将 100 写入到地址为 1002 开始的 4 个存储单元中存放，这就是写操作。这种按变量地址访问变量的方式称为"直接访问"方式。

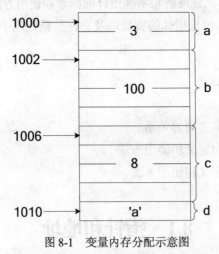

图 8-1　变量内存分配示意图

8.1.2　指针变量

在 C 语言中，除了使用前面介绍的普通变量之外，还使用另外一种特殊性质的变量，即指针变量。指针变量是存放地址的变量。由定义可以看出，指针变量是一个变量，它和普通变量一样占用一定的存储空间。但是，它与普通变量的不同之处在于，指针变量的存储空间中存放的不是普通的数据，而是一个地址，例如：一个变量的首地址。

设某指针变量的名字是 px，同时存在另外一个名字为 x 的普通变量，若将变量 x 的地址装入指针 px 的存储区域，则 px 的内容就是变量 x 的地址，如图 8-2 所示。

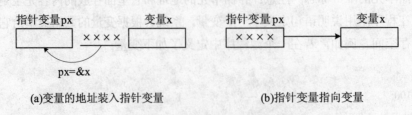

(a)变量的地址装入指针变量　　　　　　　(b)指针变量指向变量

图 8-2　指针变量指向普通变量

当把某一地址量赋予指针变量时，称该指针变量指向了那个地址的内存区域。这样就可以通过指针变量对其所指向的内存区域中的数据进行各种加工或处理。指针变量指向的内存区域中的数据称为指针的目标。如果它指向的区域是一个变量的内存空间，则这个变量称为指针的目标变量。通过指针变量访问目标变量的方式叫做间接访问方式。由于指针变量里存放的是目标变量的地址，存入不同的目标变量地址，就可以通过同一个指针变量访问不同的目标变量，这样增加了处理问题的灵活性。

指针除了可以指向变量之外，也可以指向内存中其他任何数据结构，如数组、结构和联合体等，还可以指向函数，后面将陆续介绍。读者应该牢记，在程序中参加数据处理的量不是指针本身，因为指针本身是个地址量，指针的目标才是要处理的数据。这就是 C 语言中利用指针处理数据的特点。

8.2 指针变量的定义、初始化及使用

8.2.1 指针变量的定义及初始化

1. 指针变量的定义

指针变量的定义指出了指针的存储类别和数据类型，它的一般形式如下：

> 存储类别 数据类型 *指针名;

例如：   int *px;
        char *name;
        static int *pa;

定义了名字为 px、name 和 pa 的三个不同类型的指针。

指针变量名由用户命名，其使用字符的规定与变量名相同。

指针变量的存储类别是指针变量本身的存储类别。它与普通变量一样，分为 auto 型(可以缺省)、register 型、static 型和 extern 型。不同存储类别的指针，使用的存储区域不同，这一点与普通变量完全相同。指针的存储类别和指针说明在程序中的位置决定了指针的寿命和可见性。指针变量也分为内部的和外部的、全局的和局部的。

指针变量定义时指定的数据类型不是指针变量本身的数据类型。指针变量定义时的数据类型是指针所指向目标的数据类型。例如，前面例中的指针 px 和 pa 指向 int 型数据，而name 指向 char 型数据。为了便于叙述，通常把指针指向的数据类型称为指针的数据类型。

例如，px 和 pa 称为 int 型指针，name 称为 char 型指针。

具有相同存储类别和数据类型的指针可以在一行中说明，也可以和普通变量一起说明。

例如：int *px, *py, *pz;
        char cc, *name;

2. 指针变量的初始化

指针变量在定义的同时，也可以赋予初值，称为指针的初始化操作。由于指针变量是存放地址的变量，所以初始化时赋予它的初值必须是地址量。指针变量初始化的一般形式为：

```
存储类别    数据类型    *指针名[= 初始地址值];
```

例如：　　int *pa = &a;
把变量 a 的地址作为初值赋给 int 型指针 pa。

需要注意的是，从表面上看，似乎把一个初始地址量赋给了指针的目标变量*pa。其实不然，这里初始化形式中的*pa = &a 不是一个运算表达式，而是一个说明性语句。所以，读者应该记住，这里的初始地址值是赋给指针变量的，而不是赋给目标变量的。

当把一个变量的地址作为初始值赋给指针变量时，该变量必须在指针初始化之前已经说明过。其道理很简单，变量只有在说明之后才被分配一定的内存地址。此外，该变量的数据类型必须与指针的数据类型一致。

例如：

```
char    cc;
char    *pc = &cc;
```

上面的例子是把变量 cc 的地址赋予指针 pc，其中，&cc 是一个地址常量。也可以向指针赋地址变量，即把一个已经初始化的指针赋予另一个指针，如以下程序中的第三行所示。

```
int n;
int *p = &n;
int *q = p;
```

指针变量中只能存放地址，不要将一个整型量赋给一个指针变量。下面的赋值是不合法的：

```
int *pointer =1000;
```

【例 8.1】说明指针概念的程序。

```
#include "stdio.h"
int main( )
{
    int a;
    int *pa =&a; //指针 pa 指向 a 所在内存地址
    a =10;
    printf("a:%d \n", a);
    printf("*pa:%d \n", *pa);
    printf("&a:%x(HEX)\n", &a);
    printf("pa:%x(HEX)\n", pa);
```

```
    printf("&pa:%x(HEX)\n", &pa);
    return 0;
}
```

运行结果为：

```
a:10
*pa:10
&a:fff 4(HEX)
pa:fff4(HEX)
&pa:fff2(HEX)
```

注意：

上述输出结果中，后三行的结果每次运行时都有可能不一样，但第一行和第二行的输出值应该是相等的。

尽管指针变量所指目标变量的数据类型各不相同，但指针变量本身的数据长度与它所指对象无关，不要错误地认为字符串指针ps占用一个字节的内存空间，float型的指针pf占用4个字节，等等。

【例 8.2】 求地址量的数据长度的程序。

```
#include "stdio.h"
int main( )
{
    //定义字符串数组 str，并定义一个 char 型指针 ps 指向它
    char str [ ] ="abcdefghi", *ps =str;
    //定义  int  型变量 i，并定义一个  int  型指针 pi 指向它
    int i =6,*pi =&i;
    //定义  float  型变量 f，并定义一个  float  型指针 pf 指向它
    float f =6.4f, *pf =&f;
    //定义  double  型变量 d，并定义一个  double 型指针 pd 指向它
    double d =3.1415926, *pd =&d;
    printf("(1) size of string's pointer is %d byte =%d bits.\n",
        sizeof( ps), 8 * sizeof( ps));
    printf("(2) size of int's pointer is %d bytes =%d bits.\n",
        sizeof( pi), 8 * sizeof( pi));
    printf("(3) size of float's pointer is %d bytes =%d bits.\n",
        sizeof( pf), 8 * sizeof( pf));
    printf("(4) size of double's pointer is %d bytes =%d bits.\n",
        sizeof( pd), 8 * sizeof( pd));
    return 0;
}
```

该程序在VC++ 6.0上的运行结果为：

(1) size of string's pointer is 4 byte =32 bits.
(2) size of int's pointer is 4 bytes =32 bits.
(3) size of float's pointer is 4 bytes =32 bits.
(4) size of double's pointer is 4 bytes =32 bits.

从运行结果可知，其地址量的数据长度均为 4 个字节。

3. void 指针

在 C 语言中还可以定义一种 void 型指针变量，用来指向一种抽象的数据类型，即定义一个指针变量，但不指明它指向哪种具体的数据类型，称为"无类型指针"。定义的方法是在该指针变量的说明语句中，用 void 作为数据类型说明，即

存储类别　void　*指针变量名;

显然，其定义格式与普通指针变量几乎一样，仅数据类型指定为 void 型，这类指针可以指向任何数据类型的目标变量，它在定向时，可以将已定向的各种类型指针直接赋给 void 型指针，反之，若将 void 型指针赋给其他各种类型指针，则必须采用强制类型转换，将它变成指向相应数据类型的指针。

8.2.2　指针变量的使用

1. 取地址运算符&和指针运算符*

(1) 取地址运算符&

单目&是取地址运算符，单目&与操作对象组成的表达式是地址表达式，单目&运算表达式的形式为：

&操作对象

取地址运算符&的操作对象必须是左值表达式(即变量或有名存储区)；运算结果为操作对象变量的地址，结果类型为操作对象类型的指针。

数组名不是变量，即不是左值表达式，因此，数组名不能作取地址运算符&的操作对象。数组名本身是一个常量地址表达式。

例如，设变量说明为

```
int   x;
char  y;
double  z;
```

则地址表达式&x、&y 和&z 的结果类型分别为 int *(整型指针)、char *(字符型指针)和 double*(双精度浮点型指针)。

由于数组名和常量不是左值表达式，而寄存器变量没有存储地址，因此，数组名、常量和寄存器变量均不能作为单目&的操作对象。

例如，设变量说明为

```
int    i, a[4];
register int k;
```

则&i、&a[i]、&a[0](或a)都是合法的地址表达式；它们分别为变量i，元素a[i]和a[0]的地址，其类型均为int*(整型指针)。而&k、&a均为非法表示。

(2) 指针运算符*

单目*是间接访问运算符。它是通过指针间接访问指针所指对象(即变量)，而不是通过名字访问变量的，故称为间接访问。单目*与操作对象组成的表达式称为间接访问表达式。间接访问表达式的形式为：

```
* 操作对象
```

操作对象必须是地址表达式，即指针(地址常量或指针变量)；运算结果为指针所指的对象，即变量本身(可见，间接访问表达式是左值表达式)；结果类型为指针所指对象的类型。例如：

```
char    c,*pc =&c;
*(&c)='a';
*pc ='a';
c ='a';
```

由于初始化使 pc 指向了 c，所以上面三个赋值表达式语句的效果相同，都是将字符数据'a'存放在变量 c 中。因为 pc 和&c 都是指向变量 c 的指针(类型为 char *)，所以*pc 和*(&c)都是合法的间接访问表达式，结果及结果类型均与变量 c 相同，即值为'a'，类型为 char。应特别注意区分*在不同场合出现时的不同含义：出现在说明语句中的*是抽象指针说明符；出现在表达式中的*，如果有两个操作对象则是乘运算符(双目*)，如果只有一个操作对象则是间接访问运算符(单目*)。例如，上例说明语句中的*pc=&c 是带初值的说明符，其语义是将&c 赋予 pc(而不是赋予*pc)。

(3) 单目*和&的运算关系

单目*和&互为逆运算，它们之间的运算关系可表达为：

```
*(&左值表达式)=左值表达式和&(*地址表达式)=地址表达式
```

其中，"="表示"等于"。上面两个式子表明：若对一个左值表达式先执行&运算，然后对结果执行*运算，则最终结果就是原来的左值表达式。反之，若对一个地址表达式先执行*运算，然后对结果执行&运算，则最终结果就是原来的地址表达式。

2. 指针的正确用法

使用指针的最终目的是用指针引用变量，它的正确使用方法是：首先必须按被引用变量的类型说明指针变量，其次必须用被引用变量的地址给指针变量赋值(或用指针变量初始化方式)，使指针指向确定的目标对象，然后才能使用指针来引用变量。

下面这个代码段说明了一个极为常见的错误：

```
int *p;
*p =5;
…
```

这个声明创建了一个指针变量 p，后面的一条赋值语句把 5 存储在 p 所指向的内存位置。但是，p 究竟指向哪里？虽然声明了这个指针变量，但从未对它进行赋值，所以没有办法预测 5 这个值存放在什么地方。如果指针变量是静态变量或全局外部变量，则会初始化为 0；如果指针变量是自动型变量，则根本不会被初始化。无论哪一种情况，声明一个指向整型的指针都不会"创建"用于存储整型值的内存空间。

如果程序执行了这个赋值操作，会发生什么情况？如果运气好，则 p 的初始值会是一个非法地址，这样赋值语句会出错，从而终止程序。但是，也有可能出现另一种情况：这个指针偶尔可能包含了一个合法的地址，接下来的事情就是位于那个位置的值被修改，这种类型的错误非常难捕捉。

3. NULL 指针

NULL 指针的概念是非常有用的。它提供了一种方法，表示某个特定的指针目前并未指向任何东西。ANSI C++标准定义了 NULL 指针，它作为指针变量的一个特殊状态，表示不指向任何确定的对象。若要使一个指针变量为 NULL，可以给它赋一个零值。为了测试一个指针变量是否为 NULL，可以将它和零进行比较。从定义上看，NULL 指针并未指向任何确定的对象，对一个 NULL 指针进行解引用操作是非法的。在对指针进行引用操作之前，首先必须确保它并非 NULL 指针。

8.3　指针的运算

指针运算是以指针变量所具有的地址值为操作对象进行的运算。因此，指针运算的实质是地址的计算。C 语言具有自己的地址计算方法。正是这些方法赋予了 C 语言功能较强、快速灵活的数据处理能力。本节介绍指针所进行的运算及运算规则。

由于指针是持有地址的变量，故指针的运算与某些普通变量的运算在种类上和意义上都是不同的。指针运算的种类是有限的，它只能进行算术运算、关系运算和赋值运算。

8.3.1　指针的算术运算

指针的算术运算是按 C 语言地址计算规则进行的，这种运算与指针指向的数据类型有密切关系，也就是 C 语言的地址计算与地址中存放的数据的长度有关。

设 p1 和 p2 是指向具有相同数据类型的一组若干数据的指针，n 是整数，则指针可以进行的算术运算有如下几种：

p1 + n, p1 - n, p1 ++, ++ p1, p1 --, --p1, p1 - p2

1. 指针与整数的加减运算

指针作为地址加上或减去一个整数 n，其意义是指针当前指向位置的前方或后方第 n 个数据的位置。由于指针可以指向不同数据类型，即数据长度不同的数据，所以这种运算的结果值取决于指针指向的数据类型。图 8-3 所示是不同数据类型的两个指针实行加减整数运算的示意图。

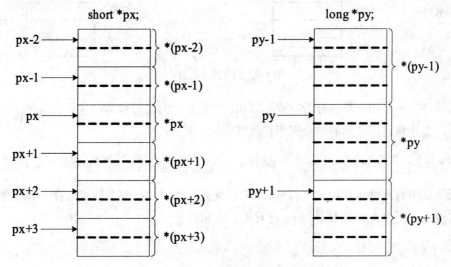

图 8-3　指针加减整数运算的示意图

图 8-3 中指针 px 指向各 short 型数据，当它加上 1 时，实际结果是指针的地址量加 2；指针 py 指向 long 型数据，它的加 1 结果是指针本身的地址值加 4；*(px＋1)等表示指针 px 加 1 后所指向地址的目标变量。

对于不同数据类型的指针 p，p±n 表示的实际位置的地址值是：

$$(p) \pm n \times sizeof(p) \text{ (字节)}$$

2. 指针++、--运算

指针++、--单项运算也是地址运算，它具有上述运算的特点。指针的++、--单项运算的结果是指针本身的地址值发生变化。指针++运算后就指向了下一个数据的位置，--运算后就指向上一个数据的位置。运算后指针的地址值的变化量取决于它指向的数据类型。例如，若指针 px 指向 int 型(4 字节长)数据，将 px 的内容假设为地址值 f000，则当执行 px++后，px 的内容加 2，成为 f004，它是下一个数据的地址。指针加 1 前后的变化如图 8-4 所示。

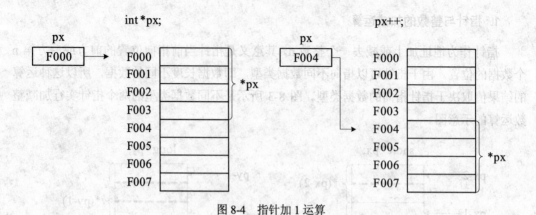

图 8-4 指针加 1 运算

指针++、--单项运算也分为前置运算和后置运算，当它们和其他运算出现在一个表达式中时，要注意它们之间的结合规则和运算顺序。例如：

```
y =* px ++;
```

表达式中有三种运算：=、*和++。*和++优先于=，*和++属于同级运算，其结合规则是从右至左。所以，++运算是以 px 进行的。它相当于

```
y =* (px ++);
```

这里 px ++是后置运算。因此，该表达式的运算顺序是：先访问 px 当前值指向的目标，把目标变量的值赋予 y，然后 px 加 1 指向下一个目标。由此可以看出，变量的前置或后置运算不存在与其他运算之间的运算先后顺序关系，它仅表示变量本身值的使用和变化之间的先后关系。所以，上式中(px ++)仅说明按照结合规则应该是 px 加 1，而不是*px 加 1，并不表示先进行 px 的加 1 运算。如果先进行 px 加 1 运算后再进行*运算，则表达式应是下列形式：

```
y =* ++ px;
```

它相当于

```
y =*( ++ px);
```

其中，++ px 是前置运算，所以是px先加1，以变化后的值作为运算量进行*运算后，结果值赋予y。下列表达式

```
y =(*px) ++;
```

是把 px 的目标变量的值赋予 y，然后该目标变量的值加 1。其中，px 并不发生改变。而表达式

```
y =++(*px);
```

是px的目标变量的值加1后赋予y。

下面看一个指针运算用字符串复制函数的程序的例子。

```
char *strcpy( char *dest,char *src)
{
    char *temp = dest;
    while( (*dest ++=*src ++)!='\0');        //逐个复制字符，直到复制完字符串结束标志
    return temp;                             //返回目的字符串的首地址
}
```

这是标准函数库中的一个函数，函数体中使用了指针后置运算：

(*dest ++=*src ++)! ='\0'

它的运算过程是把src的目标变量的值赋予dest的目标变量，然后判断赋值表达式的结果值，即赋的值是否不等于'\0'。dest和src的值使用后执行加1运算，分别指向下一个目标。函数中循环体是空语句。

3. 指针的相减

设指针 p 和 q 是指向同一组数据类型相同的数据，则 p-q 运算的结果值是两指针指向的地址位置之间的数据个数。由此可以看出，两指针相减实质上也是地址运算。它执行的运算不是两指针持有的地址值相减，而是按下列公式计算得出的结果：

(p) - (q)
sizeof(p)

式中，(p)和(q)分别表示指针p和q的地址值，所以两指针相减的结果值不是地址量，而是一个整数。图8-5给出了它的示意图。

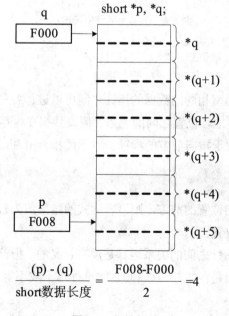

$$\frac{(p) - (q)}{short数据长度} = \frac{F008-F000}{2} = 4$$

图8-5　指针相减 p-q

【例 8.3】统计输入字符串的字符个数的程序。

```
#include "stdio.h"
int main( )
{
    char s[20];
    char * p;
    printf ("Enter a string ( less than 20 characters):\n");
    scanf ("%s", s);                    //输入字符串
    p = s;                              //将字符指针指向字符数组的首地址
    while (*p! ='\0')                   //逐个移动字符指针直到字符串结束
        p ++;
    printf ("The string length:%d \n", p - s);    // p - s  就是字符串的长度
    return 0;
}
```

运行结果为：

```
Enter a string ( less than 20 characters):
abcdefghi
The string length :9
```

程序运行过程如图 8-6 所示。

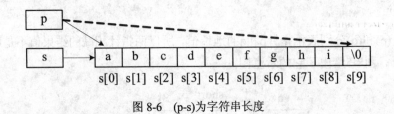

图 8-6 (p-s)为字符串长度

8.3.2 指针的关系运算

两个指向同一组数据类型相同的数据的指针之间可以进行各种关系运算。两指针之间的关系运算表示它们指向的地址位置之间的关系。假设数据在内存中的存储逻辑是由前向后，那么指向后方的指针大于指向前方的指针。对于两指针p1和p2间的关系表达式

p1 < p2

若p1指向位置在p2指向位置的前方，则该表达式的结果值为1，反之为0。两指针相等的概念是两指针指向同一位置。

指向不同数据类型的指针之间的关系运算是没有意义的。指针与一般整数变量之间的关系运算也是无意义的。但是，指针可以和0之间进行等于或不等于的关系运算，即

p ==0   或   p!=0

它们用于判断指针 p 是否为一个空指针。

8.3.3　指针的赋值运算

向指针变量赋值时，所赋的值必须是地址常量或变量，不能是普通整数。指针赋值运算常见的有以下几种形式。

(1) 把一个变量的地址赋予一个指向相同数据类型的指针。例如：

```
char c,   *pc;
pc = &c;
```

(2) 把一个指针的值赋予指向相同数据类型的另一个指针。例如：

```
int   *p,  *q;
p = q;                    //p 指向一个确定目标
```

(3) 把数组的地址赋予指向相同数据类型的指针。例如：

```
char name[20],   *pname;
pname = name;
```

(4) 动态内存分配。

在 C 语言中，对于定义的每一个变量，系统都自动在计算机中分配一个或多个内存单元以存放将要保存的变量值。但是，当程序所要处理的某种数据无法确定其数据量时，便需要在程序运行期间动态地分配存储空间，所以要在程序的运行过程中，现场判断实际数据的数据量，并分配内存；当处理完所要处理的数据时，再将这些内存释放。为了实现动态存储技术，标准函数库特设置了一对标准函数，它们的原型在 stdlib.h 和 alloc.h 中。 因此，在使用它们的程序开头处，必须写有

```
#include "stdlib.h"
#include "alloc.h"
```

它们的原型是

```
void *malloc(unsigned size);
void free( void * ptr);
```

由 malloc()函数所分配的内存空间放在数据区的堆(Heap)中。如图 8-7 所示，外部变量、静态变量存放在整个数据区的开头，称为"静态存储区"。为了调用函数而定义的自动变量、形式参数以及函数的返回数据和返回地址等存放在堆栈区。以上都是由系统自动地进行管理，余下的内存空间称为"堆区"。堆是一个自由存储区域，说它自由是因为它不受系统支配，而由编程者编写程序来控制，像经常使用的链表、树、有向图等动态数据结构的存储问题，在 C 语言中都可以调用 malloc 函数来动态分配其存储空间。总之，在程序整个运行期间，堆区和栈区都是处在动态的、不断变化的状态，统称为"动态存储区"。只

不过是栈区由系统支配，而堆区由编程者编写程序来管理，这就像某大宾馆(相当于系统)的一部分住房(相当于堆区)被一用户(相当于编程者)包租，其来往贵宾的住房分配完全由用户来管理一样。

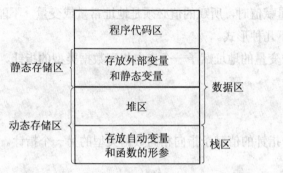

图 8-7　内存中的区域划分

malloc 函数有一个无符号整数型的形参 size，用来指定所分配内存空间的大小(以字节为单位给出)。通常，对字符串都是采用表达式"strlen("字符串")+1"或"strlen(指向字符串的指针)+1"作为实参。其中，加 1 个字节是用来存放字符串的结尾符'\0'。至于其他各种数据类型，不仅包括各种基本数据类型，还有各种复杂数据类型，如数组、指针变量、指针数组、多维数组、结构体和联合体等，都可采用表达式"sizeof(数据类型)"作为实参指定内存空间的大小。

当 malloc 函数执行成功时，其返回值是大小为 size 的内存空间首地址，可采用地址赋值操作把它的返回值赋给一个指向相同数据类型的指针变量。否则，当它执行失败时将返回一个空指针。因此，在使用 malloc 函数时，必须检测其返回值不为空指针，不然可能因堆区的内存资源耗尽而出错。其一般格式为：

```
if((指针名 =(类型 * )malloc(空间大小)) == NULL){出错处理操作}
```

或简化成

```
if(!(指针名 =(类型 * )malloc(空间大小))){出错处理操作}
```

由于指针函数 malloc 的返回值是无类型指针(void *型)，上式中的"指针名"是非 void 型指针，故把 void 型指针赋给其他各种非 void 型指针时，还必须用强制类型转换，把它的数据类型转换成与"指针名"相同的数据类型。顺便指出，在 C 语言的标准函数库中，很多动态分配存储器的指针函数被说明为 void *型，表示它们返回一个无类型的指针，而由编程者根据需要用强制转换指定它返回指针的数据类型，这样可以使指针函数能够处理各种数据类型的数据。

free 函数用来释放由 malloc 函数在堆区中所分配的内存空间，以便这些内存空间成为再分配时的可用空间。

free 函数的形参 ptr 也是无类型指针，它专门用来接受 malloc 函数在堆区中所分配的内存空间首地址，对其他地址量将不发生作用，因此，free 函数是 malloc 函数的配对物，即在整个源程序内，它们是成对出现的。

【例 8.4】统计输入字符串的字符个数的程序。

```
#include "stdio.h"
#include "alloc. h"
#include "stdlib.h"
#include "string. h"
int main( )
{
  char *str;
    //分配内存,返回分配内存的首地址
  if(( str =(char*)malloc(10*sizeof( char))) == NULL)
  {
    //如分配失败,退出系统
    printf("not enough memory to allocte bufer.\n");
    exit(1);
  }
  strcpy( str,"hello");          //复制字符串
  printf("string is %s \n", str);      //输出字符串
  free(str);                //释放由 malloc 分配的内存
  return 0;
}
```

该程序的运行结果为：

```
string is hello
```

8.4   指针与数组及字符串

8.4.1   指针与数组

C 语言中，指针和数组之间的关系十分密切，它们都可以处理内存中连续存放的一块数据，数组与指针在访问内存时采用统一的地址计算方法。但是，二者之间又有本质的区别。本节讨论指针与数组的关系。

数组是相同数据类型的数据集合，数组用其下标变化对内存中的数组元素进行处理。例如，若某程序中说明了一个数组

```
int   a[10];
```

编译系统将在一定的内存区域为该数组分配存放 10 个 int 型(每个占 4 字节)数据的连续存储空间，它们分别是 a[0], a[1],…, a[9](见图 8-8)。用 a[i]表示从数组存储首地址开始的

数组元素变量。在程序中通过 i 的变化就可以处理数组中的任何元素。

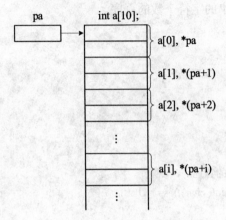

图 8-8　指针与数组关系

若该程序中同时说明了一个 int 型指针

```
int    *pa;
```

并且通过指针赋值运算

```
pa = a;    或  pa = &a[0];
```

则指针 pa 就指向了数组 a 的首地址。这时指针的目标变量*pa 就是 a[0]。根据 8.3 节介绍的指针运算的原理：*(pa +1)就是 a[1]，*(pa +2)就是 a[2]，…，*(pa + i)就是 a[i]。

从图 8-8 可以看出，指针 pa 加上或减去整数 i，通过 i 的变化就可以和数组一样处理内存中连续存放的一系列数据。

【例 8.5】统计输入字符串的字符个数的程序。

```c
#include "stdio.h"
int main( )
{
   int a[10],*pa , i;
   for( i =0 ; i <10 ; i ++)        //数组元素赋值
      a[ i] = i +1;
   pa = a;                      //将指针指向数组的首地址
   for( i =0 ; <10 ; i ++)
      printf ("*(pa +%d): %d\n", i ,*( pa + i));
      //用指针的形式逐个输出数组元素内容
   return 0;
}
```

运行结果为：

```
*(pa +0)：1                   .
*(pa +1)：2
```

```
*(pa +2):  3
*(pa +3):  4
*(pa +4):  5
*(pa +5):  6
*(pa +6):  7
*(pa +7):  8
*(pa +8):  9
*(pa +9):  10
```

程序中第一个for循环是把1~10赋予数组元素a[0]~a[9]，然后通过"pa = a;"使指针指向数组；再用第二个for循环，通过指针运算输出显示数组中的数据。上述表现形式a[i]和*(pa+ i)实质上是两个运算表达式，它们遵循统一的地址计算规则，实现相同的功能。表达式a[i]的运算过程是：访问地址a为起点的第i个数据，它先实现地址计算a + i，然后访问该地址。前面曾介绍过，运算符*是访问地址的目标，所以下列表达式

```
*(a + i)
```

实现的功能与 a[i]完全相同。因此，在程序中 a[i]和*(a+i)是完全等价的表现形式。根据同样的道理，*(pa+i)与 pa[i]是实现相同功能的表达式，它们在程序中是完全等价的。

因此，上例中当指针 pa 指向数组 a 时，就可以用 a[i]、*(pa+i)、*(a+i)和 pa[i]等 4 种形式来访问数组的元素。它们完成同样功能的表达式，在程序中可以互换使用。在后几章中将会看到，恰当地使用指针与数组表现形式的互换性，可以使程序表现形式更简洁。

【例 8.6】统计输入字符串的字符个数的程序。

```
#include "stdio.h"
int main( )
{
  int i,*pa;
  int a[] ={2,4,6,8,10};
  pa = a;                          //将指针指向数组的首地址
  for ( i =0 ; i <5 ; i ++)
    printf ("a[%d]:%d", i ,pa[ i]);   //指针采用数组的形式使用
  printf ("\n");
  for( i =0 ; i <5 ; i ++)
    printf ("*( pa +%d): %d", i ,*( a + i));   // 数组采用指针的形式使用
  printf ("\n");
  return 0;
}
```

运行结果为：

```
a[0]:2      a[1]:4      a[2]:6      a[3]:8      a[4]:10
*(pa +0):  2 *(pa +1):  4 *( pa +2):  6 *(pa +3):  8 *(pa +4):  10
```

需要指出的是，在指针和数组访问地址中的数据时，其表现形式具有相同的意义，这

是因为指针和数组名都是地址量。但是，指针和数组名在本质上是不同的，具体表现如下。

(1) 指针是地址变量，而数组名是地址常量，它们在某些运算中有着本质的区别。例如，对于指针 pa 和数组名 a，指针可以接收赋值，其本身的值可以变化，所以它可以进行下列运算：

```
pa=a;
pa++, pa--;
pa +=n,
```

而数组名参加下列运算则是错误的：

```
a=pa;
a++, a--;
a+=n;
```

(2) a[i]可以转换成*(pa + i)的前提是指针 pa 指向了数组 a，即 pa 指向数组 a 的首地址，否则不能转换。

【例 8.7】在例 8.6 所示程序中，将给每个元素赋初值的 for 语句改成用指针 pa 访问数组元素。

```c
#include "stdio.h"
int main( )
{
    short a[10], *pa, i;
    pa =a;            //指针 pa 指向了数组 a
    printf("给数组 a 的每个元素赋初值,a[0] =1,a[1] =2,…,a[9] =10！\n");
    for( i =0 ; i <10 ; i ++, pa ++)
        *pa =i +1;
    //每循环一次，指针 pa 和变量 i 都增 1，pa 指向了下一个元素，当循环结束时，pa 指向数组 a 后
        面的数据
    printf("用指向数组 a 的指针 pa 访问数组的每个元素:");
    for( i =0 ; i <10 ; i ++)
        printf("\n *(pa +%d) : %d", i, * (pa +i));
    printf("\n");
    return 0;
}
```

由于每循环一次，指针 pa 增 1 指向了下一个元素，故在进入下一次循环时就访问数组的下一个元素。当循环结束时，pa 已经没有指向数组 a 的首地址，而是指向数组 a 后面的数据。因此，当进入第二个 for 语句，采用指针 pa 加上一个偏移量访问数组 a 的每个元素时，由于 "pa 指向数组 a 的首地址" 的前提条件已经被破坏，故它们之间的关系等式和统一的地址计算公式都不成立。这时，程序输出结果为：

给数组 a 的每个元素赋初值,a[0] =1,a[1] =2,…,a[9] =10;
用指向数组 a 的指针 pa 访问数组的每个元素，得到的是一串随机数:

```
*(pa +0) : -456
*(pa +1) : 101
*(pa +2) : 4889
*(pa +3) : 64
*(pa +4) : 1
*(pa +5) : 0
*(pa +6) : 3136
*(pa +7) : 120
*(pa +8) : 3040
*(pa +9) : 120
```

由此可见，虽然它顺利地通过了编译和链接，但是，在第二个 for 语句中，由于 "pa 指向数组 a 的首地址" 的前提条件已经被破坏，故仍然采用指针 pa 加上一个偏移量去访问数组 a 的每个元素则必然导致失败。为此，在第二个 for 语句前面，应加上一条 "pa =a;" 语句，使得指针 pa 重新指向数组 a 的首地址，或者将第二个 for 语句改成：

```
for ( pa =a , i =0 ; i <10 ; i ++)
    printf ("\n *(pa +%d) : %d", i, * ( pa +i))
```

8.4.2　字符指针与字符串

C 语言使用 char 型数组处理字符串。数组中的数据可以使用相同数据类型的指针来处理。由此可以得出结论，在 C 语言中可以使用 char 型指针处理字符串。通常，把 char 型指针称为字符指针。

在字符串的处理中，使用字符指针比使用字符型数组有更大的便利性。

(1) 在字符指针初始化时，可以直接用字符串常量作为初始值。例如：

```
char *pa ="ABC";
```

(2) 在程序中也可以直接把一个字符串常量赋予一个指针。例如：

```
char *p;
p ="c program";
```

这里要注意 p ="c program" 与 scanf("%s", p) 的区别：p ="c program"; 是由系统开辟一块区域存储这个字符串，然后将首地址赋予指针；而 scanf("% s", p) 是将输入的字符串存放在 p 所指向的地址中，在 p 未赋值之前，执行 scanf("%s", p) 是错误的。

在初始化或程序中向指针赋予字符串，并不是把该字符串复制到指针指向的地址中(串拷贝)；而是由系统开辟一块区域存储这个字符串，然后将首地址赋予指针，从而使指针指向该字符串的首字符位置。所以，使用这种方式给指针赋值时应特别小心，实际输入的字符串长度不能超过程序中给出的字符串常量的长度，否则会造成 "死机"。一个安全可靠的 C 语言程序应尽量避免用这种方法使用指针。

另外，在使用数组时，下面形式是错误的：

```
char name[20];
name ="c program";
```

因为 name 是个地址常量，系统不允许向它赋值。

【例 8.8】向字符指针赋予字符串的程序。

```
#include "stdio.h"
int main( )
{
    char *s ="good";          //声明一个字符指针，并初始化
    char *p;
    while(*s! =\0')           //采用字符的形式逐个输出
        printf("%c", *s++);
    printf("\n");
    p ="morning";             //将字符串常量赋给字符指针
    while(*p! =\0')           //采用字符的形式逐个输出
        printf("%c", *p ++);
    printf("\n");
    return 0;
}
```

运行结果为：

```
good
morning
```

程序中字符指针 s 在初始化时指向字符串 good，而 p 是在程序执行部分被赋值，指向 morning。在两个 while 循环中，分别把 s 和 p 指向的字符串逐个字符输出。

函数 scanf 和 printf 可以使用字符指针输入/输出字符串。这时的转换说明符使用%s，输入项地址和输出项都使用指针名。设 pa 是一个有确定指向的字符指针，则输入字符串时使用形式为：

```
scanf("%s", pa);
```

输出字符串时使用形式为：

```
printf("%s", pa);
```

8.5　指针数组和多级指针

8.5.1　指针数组

一系列有次序的指针变量集组合成数组就形成了指针数组。指针数组是指针变量的集合，它的每一个元素都是一个指针变量，并且它们具有相同的存储类别和指向相同的数据

类型。

指针数组的说明形式如下：

存储类别 数据类型 *指针数组名[元素个数];

与普通数组一样，编译系统在处理指针数组说明时，按照指定的存储类别为它在内存的相应数据区中分配一定的存储空间，这时指针数组名就表示该指针数组的存储首地址。

例如，下列指针数组说明

int *p[2];

说明了指针数组是由 p[0] 和 p[1] 两个指针组成的，它们都指向 int 型数据。指针数组本身分配在一般内存区域。具有相同类型的指针数组可以在一起说明，它们也可以与变量、指针等一起说明。例如：

int a, *pa, data[10], *p[2], *p[3];

在程序中，指针数组可用来处理多维数组。例如，程序中有一个二维数组，其说明如下：

int data[2][3];

采用降低维数的方法，这个二维数组可以分解为 data[0] 和 data[1] 两个一维数组，它们各有三个元素。若同时存在一个指针数组

int *pdata[2]

该指针数组由两个指针 pdata[0] 和 pdata[1] 组成，现在把一维数组 data[0] 和 data[1] 的首地址分别赋予指针 pdata[0] 和 pdata[1]：

pdata[0] = data[0]; 或 pdata[0] = &data[0][0];
pdata[1] = data[1]; 或 pdata[1] = &data[1][0];

则两个指针分别指向了两个一维数组(见图8-9)。这时通过两个指针就可以对二维数组中的数据进行处理。

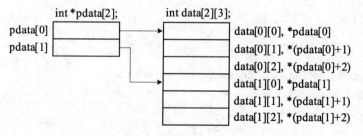

图 8-9　指针数组与二维数组

【例 8.9】用指针数组处理二维数组数据的程序。

```c
#include "stdio.h"
int main( )
{
```

```
    int data[2][3], *pdata[2];
    int i,j;
    for ( i =0 ; i <2 ; i ++)          //二维数组赋值
      for ( j =0 ; j <3 ; j ++)
        data[ i][ j] =( i +1) *( j +1);
    pdata[0] = data[0];          //将指针数组的各个元素指向降维后的一维数组
    pdata[1] = data[1];
    for(i =0 ; i <2 ; i ++)
      for ( j =0 ; j <3 ; j ++, pdata[i] ++)
        printf("data[%d][%d]:%2d\n", i,j, *pdata[i]);    //采用指针数组输出数组内容
    return 0;
}
```

运行结果为：

```
data[0][0]:1
data[0][1]:2
data[0][2]:3
data[1][0]:2
data[1][1]:4
data[1][2]:6
```

在程序中，data[i][j]、*(data[i] + j) 和*(*(data + i) + j)、*(*(pdata + i) + j)、*(pdata[i] + j) 和 pdata[i][j]是意义相同的表示方法，根据需要，可以使用其中的任何一种表现形式。

指针数组在说明的同时可以进行初始化。应该记住，不能用 auto 型变量的地址去初始化内部的 static 型指针。

一个字符指针可以处理一个字符串，一个字符指针数组可以处理多个字符串。在程序中字符指针数组的主要作用就是如此。

【例 8.10】字符指针数组处理多个字符串的程序。

```
#include "stdio.h"
#define NULL 0
int main( )
{
    char string[ ][20] ={"Turbo C", "Borland C ++", "Access", ""};
    //声明二维数组并初始化
    char *pstr[4];
    int a;
    for ( a =0 ; a <4 ; a ++)                //指针数组的各个元素赋值，使其有确定指向
      pstr[ a] = string[ a];
    for(a =0 ;*pstr[ a]! = NULL ; a ++)    //使用指针数组的元素输出字符串
      printf("language %d is %s \n", a +1,pstr[ a]);
    return 0;
}
```

运行结果为：

Language1is Turbo C
Language 2 is Borland C ++
Language 3 is Access

　　程序中使用了字符指针数组 p，它由 4 个指针组成：前 3 个指针指向了 3 个字符串，而第 4 个指针被指定为空字符串。在 for 循环中，使用字符指针数组输出 3 个字符串，第 4 个作为循环结束的标志使用，这是一种常用方法。

　　在使用字符指针数组处理多个字符串时，各字符串的长度可以不等；而使用二维字符数组时，各字符串应使用元素个数相同的一维数组。由此可以看出使用指针处理字符串的又一个优越性。

　　字符指针数组初始化时，可以直接使用多个字符串，即把多个字符串的首地址分别赋予字符指针数组中各个指针。

　　【例 8.11】字符指针数组初始化的程序。

```c
#include "stdio.h"
int main( )
{
    char * monthname[ ] ={          //指针数组初始化
        "illegal month", "January", "February",
        "March", "April",
        "June", "July", "August", "September"
        "October", "November", "December"};
    int month;
    while(1)                        //无限循环，由循环体中的 break 语句退出循环
    {
    printf("Enter month No.:");
    scanf("%d", &month);         //输入月份
    if(month <1 || month >12)    //月份错误，退出循环
    {
        printf("Month No.%d -->%s \n", month, monthname[0]);
        break;
    }
    //打印月份对应的英文名称
    printf("Month No.%d -->%s \n", month, monthname[month]);
    }
    return 0;
}
```

运行结果为：

Enter month No.:1   //输入
Month No.1 --> January   //输出
Enter month No.:12   //输入

Month No.12 --> December   //输出

while 循环为无限循环，当输入的整数不在 1～12 的范围内时，用 break 语句退出循环。本节最后再给出一个使用字符指针数组处理多个字符串的实用程序。

【例 8.12】多个字符串按字母递增方式排序的程序。

```
#include "stdio.h"
#include "string.h"
int main( )
{
  char *pstr[ ] ={"test", "capital", "index", "large", "small"};        //指针数组初始化
  int a,b,n =5;
  char *temp
  for(a =0 ; a < n -1; a ++)                    //采用选择法进行排序
    for(b = a +1 ; b < n ; b ++)
    {
      if(strcmp(pstr[ a],pstr[ b])>0)        //利用 strcmp 函数比较两个字符串的大小
      {
        temp =pstr[ a];                      //交换指针
        pstr[ a] = pstr[ b];
        pstr[ b] = temp;
      }
    }
  for ( a =0 ; a <5 ; a ++)                   //输出排序后的字符串
    printf ("%s \n", pstr[a] );
  return 0;
}
```

运行结果为：

```
capital
index
large
small
test
```

在程序中，调用了标准函数——字符串比较函数：

```
        int strcmp ( char *s1,char *s2)
```

其中，s1、s2 是要比较的两个字符串的指针。当字符串 s1 大于、等于或小于 s2 时，函数返回值分别是正数、零和负数。

8.5.2 多级指针

在 C 语言中，数组数据可以使用相应的指针进行处理，这可以扩展到指针数组，即指

针数组也可以用另外一个指针处理。例如，有一字符指针数组 name[3]，它的说明如下：

char *name[3] ={"TurboC", "BorlandC ++", "Access", ""};

它的三个元素 name[0]、name[1]和 name[2]都是指针，分别指向一个字符串(见图 8-10)。
3 个字符串的首字符分别是*name[0]、* name[1]和*name[2]。如果同时存在另一个指针变量
pp，并且把指针数组的首址赋予指针 pp：

pp = name 或 pp = &name[0]

则 pp 就指向了指针数组 name。这时 pp 的目标变量*pp 就是 name[0]，(pp+1)就是 name[1]，
(pp +2)就是 name[2]，pp 就是指向指针型数据的指针变量。

一个指向指针的指针，称为多级指针。上面的 pp 指向指针数组 name，而指针数组中
的指针则指向处理数组，所以称 pp 为二级指针。

如图 8-10 所示，指针 name[0]目标变量是*name[0]，即字符'F'。如果用二级指针表示，
name[0]是*pp，则*name[0]就是**pp。所以，二级指针 pp 指向指针*pp，称为一级指针，
*pp 指向被处理数据**pp。同理，**(pp +1)和**(pp +2)分别是另外两个字符串的首字符。
如果还存在另一个指向 pp 的指针，则称这个指针为三级指针，以此类推。不过 C 语言程
序中使用三级以上指针的情况是少见的。

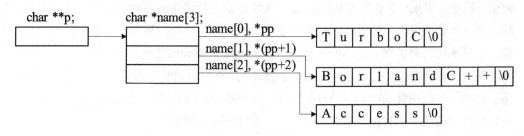

图 8-10　多级指针

二级指针的说明形式如下：

存储类别　数据类型　**指针名;

例如，一个二级指针 pp 的说明如下：

char **pp;

二级指针说明中，存储类别是二级指针本身的存储类别，而数据类型是最终目标变量，
即处理数据的数据类型。所以，上述声明中指明了**pp 是 char 型。二级指针在程序中可以
用来处理多维数组和多个字符串。

【例 8.13】字符指针数组初始化的程序。

```
#include "stdio.h"
#define NULL '\0'
int main( )
{
```

```
        char **pp;
        char * name[ ] ={"Turbo C ++", "BorlandC ++", "Access", ""};  //指针数组初始化
        pp = name;                          //将二级指针指向指针数组的首地址
        while (**pp! = NULL )               //若是空字符串，则终止循环
            printf ("%s \n", *pp ++)        //采用二级指针输出字符串
        return 0;
    }
```

运行结果为：

```
Turbo C ++
BorlandC ++
Access
```

程序中二级指针 pp 经过赋值：

```
pp = name;
```

pp 就指向了指针数组 name。在 while 循环中，通过 pp++，使它依次指向 name[0]、name[1]、name[2]和 name[3]。在循环体中使用 printf 函数可依次输出*pp 指向的各个字符串。可以看出，在使用二级指针 pp 时，*pp 是个指针。所以，引入多级指针概念后，带有一个*的名字不一定是作为处理数据的目标变量。此外，在程序的多个字符串中，将其最后一个指定为空字符串，用来作为循环结束的标志。这是 C 语言程序中经常使用的技巧之一。采用这种方法，在处理多个字符串时，就不必使用其他变量了，如常用变量 i 等来控制循环的次数，并且，在需要扩充字符串的个数时，不需对处理部分做任何修改。

根据地址计算规则，多级指针访问地址的*运算也可用数组形式，即用[ ]运算表示。

例如，二级指针 pp 的某个目标变量(一级指针)*(pp + i)可以表示成 pp[i]。可以将它的一级指针指向的某个目标变量*(*(pp + i) + j)表示成 pp[i][j]等。

下面给出一个三级指针的例子。三级指针在程序中很少使用，但通过这个例子可以深入地了解指针的性质。

【例 8.14】字符指针数组初始化的程序。

```
#include "stdio.h"
//一级指针数组声明及初始化
char *str[ ] ={"enter", "lamp", "point", "first"};
char **p[ ] ={ str +3,str +2, str +1,str};      //二级指针数组声明及初始化
char ***pp = p;                                 //三级指针声明及初始化
int main( )
{
    printf("%s", **++pp);
    printf("%s", * --*++ pp + 3);
    printf("%s", *pp[-2] + 3);
    printf("%s", pp[ -1][-1] +1);
    return 0;
}
```

运行结果为：

程序的数据说明部分在函数外部，它说明一级指针数组 str[ ]，二级指针数组 p[ ]和三级指针 pp 都是 char 型。一级指针数组 str[ ]被初始化指向 4 个字符串。4 个一级指针的地址作为初值对二级指针数组 p[ ]进行初始化，使 4 个二级指针分别指向 4 个一级指针。最后用 p 的地址初始化三级指针 pp。初始化结果如图 8-11 所示。

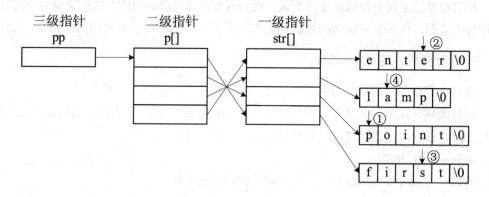

图 8-11　多级指针

在 main 函数中，4 次调用 printf 函数输出给定的 4 个字符串中的部分字符，由它们组成了输出结果。

第一次，** ++ pp 等价于**(++ pp)。先增加 pp，使其指向 p[1]，然后通过 p[1]的值取出 str[2]中存放的串地址，输出结果为 point。

第二次，* -- * ++ pp +3 等价于(*(--(*(++ pp)))) +3。首先增加 pp，使其指向 p[2]；然后取出 p[2]的值(str [1])后减 1，结果为 str[0]；再取出 str[0]中存放的串地址后加 3；最后得到的是字符串 enter 第 4 个字符 e 的地址，输出结果为 er。

第三次，通过上述运算，pp 所指向的当前位置为 p[2]。因此，pp[-2]表示的是 p[0]中存放的地址 str[3]，取出 str[3]中的值再增加 3 就是字符串"first"中字符's'的地址，输出结果为 st。

最后一次输出，在前一个运算中没有改变 pp 的值，因此，pp 所指向的当前位置仍是 p[2]。此时，pp[-1][-1] 表示的是取出 str[1]的值。该值增加 1 后，则是字符串 lamp 中字符 a 的地址，输出结果是 amp。

整个程序的输出结果为：

由此例可以看出，多级指针功能较强，但使用起来比较复杂，缺乏易读性，容易出错。所以在程序中使用多级指针时应十分谨慎。

8.6　小　　结

1. 指针与指针变量

指针就是地址，地址就是指针，指针是地址的形象称呼。

指针变量就是用来存储地址的变量，而一般变量是存储数值的。指针变量可指向任意一种数据类型，但不管它指向的数据占用多少字节，一个指针变量占用四个字节。

2. 指针变量的定义及初始化

格式：类型名　*指针变量名

指针变量在使用前必须要初始化，把一个具体的地址赋给它，否则引用时会有副作用，如果不指向任何数据就赋"空值" NULL。

两种初始化方式。

方法一：int a=2,*p=&a;　　　　　//定义的同时初始化

方法二：int a=2,*p;p=&a;　　　　//定义之后初始化

3. 指针变量的引用

&是取地址符，*是间接访问运算符，它们是互逆的两个运算符。在指针变量名前加间接访问运算符就等价它所指向的量。

指针变量是存放地址的，并且指向哪个就等价哪个，所有出现*p的地方都可以用它等价地代替。例如：

```
int a=2,*p=&a;
    *p=*p+2;
```

由于*p指向变量 a，所以指向哪个就等价哪个，这里*p 等价于 a，可以相当于是 a=a+2。

4. 指针的运算

*p++和(*p)++之间的差别：*p++是地址变化，(*p)++是指针变量所指的数据变化。一个指针变量加一个整数不是简单的数学相加，而是连续移动若干地址。当两个指针指向同一数组时，它们可以比较大小进行减法运算。

5. 指针的级别

指针是有级别的，不是所有的指针加上指针运算符*后就表示数据，有时也会表示另一个指针(或地址)，只有一级指针(也称列指针)加上*后表示数据。

&、*和[]是 C 语言有关指针的三个重要运算符，分别是取地址运算符、指针运算符和下标运算。其中&和*互为逆运算。在表达式中，它们的含义是很明确的，但在定义时，*和[]只起说明作用，不是运算符。*和[]在定义时使变量升级，在使用时使变量降级，这里

所说的变量指的是*和[]所作用的变量，而级别指的是指针的级别。例如：

```
int *p;    float a[5];       //这里定义的是一级指针(列指针)或指针变量
int **q;   float *b[8];      //这里定义的是二级指针(行指针)或指针变量
a[3] = *p;                   //使用时，加了[]或*后都使指针降级了
```

6. 两类特殊的指针

在 C 语言中，有两类特殊的指针：数组名和函数名，它们都是指针常量。数组名代表数组存放的首地址，而函数名代表函数代码的入口地址。例如：

```
int *a;          //定义了一个指针变量，可以用来指向某个整型数组
float *fun();    //定义了一个指向函数入口地址的指针变量
```

当把 a 赋值为某个数组名后，就可以通过 a 来访问这个数组了。同样，如果将 fun 赋值为某个函数名后，就可以通过 fun 来调用函数了。

7. 列举几种指针使用时常见的错误，使用时应避免

(1) 指针变量未赋值，对指针进行操作。例如：

```
int *p;
*p =5;           //错误
char *p;
scanf("%s", p);  //错误
```

(2) 指针的数据类型决定了指针只能对指针数据进行处理，否则产生错误。例如：

```
float a;
int *p;
p = &a;          //错误
```

(3) 指针开始已经赋值，在经过操作、指针已指向了无效(非法)的区域后仍进行操作。例如：

```
#include < stdio. h >
int main()
{
   float a[10],*p;
   int i;
   p = a;
   for( i =0;i <10;i ++)
     scanf("%f", p ++);
   /* 以上循环完之后，p 指向了数组 a 以外的区域，所以下面的操作就是错误的。所以必须
       重新将 p 指向数组的首地址*/
   for( i =0;i <10;i ++)
     printf("%f", *p ++);
   return 0;
}
```

(4) 指针的类型和赋值的地址不匹配。例如：

```
int **p;
int a;
p = &a;          //错误，只能将一级指针的地址赋给二级指针变量
int *p,a[2][3];
p = a;           //错误，二维数组的地址只能赋给数组指针(下一章将详细介绍)
```

(5) 指针所指向的合法有效的内存区域不足以存储实际输入的数据，这种问题常出现在字符串的处理中，有以下两种情形：

```
char str[10];
scanf("%s", str);
```

如果输入的字符串字符长度超过 9 个，则有可能覆盖系统其他变量或内存区域的内容。由于这种问题出现在小程序中时，程序运行的结果可能是正确的，故很难发现；但出现在比较大的程序中时，则会引起其他函数运行结果不正确。

```
char *p ="TurboC ++";
strcpy( p,"BorlandC ++");
```

在进行字符串的复制时，它会产生和第 1 种情况一样的问题。

8.7 习　　题

1．有如下程序段：

```
int *p, a=10, b=1;
p=&a;   a=*p+b;
```

则执行该程序段后，a 的值为(　　)。

    A. 12　　　　　　　　B. 11　　　　　　　　C. 10　　　　　　　　D. 编译出错

2．若有说明：int　i,j=7,*p=&i;，则与 i=j;等价的语句是(　　)。

    A. i=*p;　　　　　　B. *p=*&j;　　　　　　C. i=&j;　　　　　　D. i=**p;

3．设有定义：char　a[10]={"abcd"},*p=a;，则*(p+4)的值是(　　)。

    A. "abcd"　　　　　　B. 'd'　　　　　　C. '\0'　　　　　　D. 不能确定

4．若有说明语句"int a[10],*p=a;"，对数组元素的正确引用是(　　)。

    A. a[p]　　　　　　B. p[a]　　　　　　C. *(p+2)　　　　　　D. p+2

5．设有定义语句：double d[3][5] = {{1},{2},{3}}, (*p)[5] = d;，则下列表达式的值不为 0.0 的表达式是(　　)。

    A. *&d[1][2]　　　　B. p[1][2]　　　　C. *(p+1*5+2)　　　D. *(*(p+1)+2)

6．设有以下定义和语句，则*(*(p+2)+1)的值为_____。

```
    int   a[3][2]={10,20,30,40,50,60},(*p)[2];
    p= a;
```

7. 若要指针 p 指向一个 double 类型的动态存储单元，请填空：

p=_____malloc(sizeof(double));

8. 下列程序执行后的输出结果是_____。

```
#include <stdio.h>
void func (int *a, int b[])
{   b[0] = *a+6; }
void main()
{   int a,b[5];
    a=0;   b[0] = 3;
    func(&a, b);
    printf("%d\n", b[0]);
}
```

9. 编写一个程序，输入 15 个整数，存入一维数组，再按逆序重新存放后再输出。

10. 输入一个 3×6 的二维整型数组，输出其中的最大值、最小值及其所在的行列下标。

第9章　结构体与共用体

用户在编程中对数据的定义可直接使用 ANSI C 系统规定的标准数据类型(如整型、实型和字符型)，但在实际问题中，有些数据要复杂一些，往往具有不同的数据类型，显然利用前面介绍的单一基本类型或者数组来定义都不恰当，为了解决这个问题，在 C 语言中用户可以根据需要灵活地表示多种数据，通过创建用户自定义数据类型，增强数据的表现能力。本章将介绍三类用户自定义类型：结构体类型、共用体类型(或称为联合体类型）和枚举类型的定义及使用。

本章应掌握的内容
- 用户自定义类型关键字：struct、union、enum
- 成员访问运算符："."、"->"
- 动态分配存储空间函数：malloc、calloc、realloc、free
- 位操作运算符："&"、"|"、"^"、"～"、"<<"、">>"
- 类型重定义：typedef
- 位段的定义及用法

9.1　结构体类型

现实生活中，学生的基本信息包含姓名、学号、年龄、性别、成绩等，其中学号可为整型或字符型，姓名为字符型，年龄为整型，性别为字符型，成绩为整型或实型。如何定义学生的基本信息呢？又如，图书的出版信息包含图书号、图书名、作者、价格等，其中图书号为字符型，图书名为字符型，作者为字符型，价格为实型。如何表示图书的基本信息呢？可以将此类问题用结构体类型来解决。

9.1.1　结构体的定义

结构体就是将不同的数据项组织成一个整体来对待，它们在内存中各自占用不同的存储单元，称为"结构体类型"或"结构体"。利用结构体可以将不同类型的数据同时存储。

结构体定义的一般形式：

```
struct 结构体名
{ 成员列表 };
```

其中，struct 是关键字，"结构体名"是结构体类型的标志，其命名规则应符合用户标识符的书写规范。成员列表由若干个成员组成，并由一对{}组合在一起，最后以";"结束。

在成员列表中，对每个成员要分别以下面的形式进行说明：

类型标识符　成员名;

其中，类型标识符是成员所属的类型，可以是基本数据类型，也可以是已经声明过的用户自定义类型。

【说明】

(1) 在完成结构体定义之后，就可以像使用系统基本数据类型一样，定义结构体类型的变量、结构体类型数组、结构体类型指针等。

(2) 结构体类型名是由关键字 struct 和"结构体名"共同组合而成，关键字 struct 可以省略，但在标准 C 中，省略该关键字会出现编译错误。

【例 9.1】定义一个结构体类型 struct book，描述图书基本信息，包含书名、作者、出版社和价格。

```
struct book
{   char name[40];          //书名
    char author[100];       //作者
    char publish[100];      //出版社
    float price;            //价格
};
```

【例 9.2】定义一个结构体类型 struct student，描述学生的基本信息，包含学号、姓名、性别和成绩。

```
struct student
{   int num;                //学号
    char name[20];          //姓名
    char sex;               //性别，M—男，F—女
    float score;            //成绩
};
```

【例 9.3】定义一个结构体类型 struct date，描述日期的基本信息，包含年、月、日。

```
struct date
{   int year;               //年
    int month;              //月
    int day;                //日
};
```

9.1.2　结构体的嵌套定义

在结构体类型的定义中，如果结构体的成员数据类型也是结构体类型，可以嵌套定义，也可以将结构体类型分开定义。

【例 9.4】对例 9.2 中学生的基本信息添加一项生日信息(birthday)，分别由年(year)、

月(month)、日(day)三项构成，其组成成员如图 9-1 所示。

num	name	sex	birthday			score
			year	month	day	

图 9-1　结构体 struct student 的成员组成

结构体 struct student 的定义如下：

(1) 结构体分开定义

```
struct date          //定义 date 结构
{    int year;
     int month;
     int day;
};
struct student       //定义 student 结构
{    int num;
     char name[20];
     char sex;
     struct date birthday;
     float score;
};
```

(2) 结构体嵌套定义

```
struct student //定义 student 结构
{    int num;
     char name[20];
     char sex;
     struct date    //嵌套定义
     {    int year;
          int month;
          int day;
     }birthday;
     float score;
};
```

【分析】在上面关于结构体类型的定义中，(1)先定义一个 struct date 类型，再定义 struct student 类型，其中 birthday 成员声明为已经定义过的 struct date 类型。(2)是在定义 struct student 类型的过程中，嵌套定义结构体 struct date，并声明其成员 birthday。

9.1.3　结构体变量的定义

结构体变量定义与其他基本数据类型变量定义类似，但由于结构体是用户自定义类型，要求先完成结构体类型的定义，再进行结构体变量的定义。

1. 结构体变量的定义

结构体变量定义的一般形式有三种。

(1) 先定义结构体类型，再定义结构体变量。

```
struct  结构体名
{   成员列表 };
struct  结构体名    变量名列表;
```

(2) 定义结构体类型的同时定义结构体变量。

```
struct  结构体名
{   成员列表   } 变量名列表;
```

(3) 定义无名结构体类型的同时定义结构体变量。

```
struct {   成员列表   } 变量名列表;
```

【说明】第三种方法，由于没有给出结构体名，在实际应用中，此方法往往是一次性的，适用于定义临时的局部变量或者嵌套的结构体成员变量。

【例 9.5】分别用三种方法定义图书信息结构体和结构体变量。

(1)

```
struct book
{ char name[40];
char author[100];
char publish[100];
float price;
};
struct book book1,book2;
```

(2)

```
struct book
{ char name[40];
char author[100];
char publish[100];
float price;
} book1,book2;
```

(3)

```
struct
{ char name[40];
char author[100];
char publish[100];
float price;
} book1,book2;
```

【说明】本例中，(1)、(2)、(3)分别对应三种结构体变量定义的方法，其结果都是定义了 book1、book2 为 struct book 结构体类型的两个变量。

2. 结构体变量的存储空间分配

类型是抽象的，结构体的定义是告诉编译系统如何表示数据，计算机不会为其分配空间；但结构体变量是具体的，一旦结构体变量被定义，计算机就会为其分配数据存储空间，所分配的空间大小是其各成员所需的空间之和。

在例 9.5 中，三种方法所定义的 book1、book2 变量都被编译系统分配了等长的数据存储单元，分配的空间大小是各成员所需的空间之和，在 VC 环境下是 244 字节。其存储分配如图 9-2 所示。

name	author	publish	price
40B	100B	100B	4B

图 9-2　结构体变量的存储分配

9.1.4　结构体成员的引用和变量的使用

1. 结构体成员的引用

在程序中使用结构体变量时，由于其成员类型可能不一致，不能把它作为一个整体来引用，应单独引用各成员，如果其成员的数据类型又是一个结构体类型，则必须逐级引用，直到最低级的成员。

结构体成员引用的一般形式：

> 结构体变量名.成员名

其中，"."是结构体成员运算符，优先级为 1 级，结合方向为"自左至右"(参见附录 C)。

例如，对图书结构体变量进行定义，对其成员引用。

```
struct book book1,book2;
book1.name,book2.name 分别表示第一本书和第二本书的书名，其类型均为 char；
book1.price,book2.price 分别表示第一本书和第二本书的价钱，其类型均为 float；
```

例如，对学生结构体变量进行定义，对其成员引用。

```
struct student stu1,stu2;
stu1.birthday.year, stu1.birthday.month, stu1.birthday.day 分别表示第一个人的出生年、月、日，其类型均为 int；
stu2.num,stu2.name,stu2.sex 分别表示第二个人的学号、姓名、性别，其类型分别为 int、char、char。
```

2. 结构体变量的使用

在 ANSI C 中除了允许具有相同类型的结构体变量相互赋值以外，一般对结构体变量的使用，包括赋值、输入、输出、运算等都是通过结构体变量的成员来实现的。在程序中使用结构体变量的成员时，由于其类型往往不同，怎么操作？很简单，要根据其成员的基本数据类型进行操作，记住"究其本质，看成员类型"。

例如，结构体变量的操作。

```
struct book book1,book2;
gets(book1.name);                          //输入字符串
scanf("%f",&book1.price);                   //输入实数
book1.price=67.5;                          //赋值
book2=book1;                               //结构体变量赋值
putchar(stu2.sex);                         //输出字符
printf("%d %d", stu1.age,stu1.birthday.year); //输出整数
```

9.1.5　结构体初始化

结构体变量的赋值可以通过三种方式实现。

1. 定义结构体变量的同时进行初始化

与其他类型的变量一样，允许在定义结构体变量的同时对其进行初始化赋值。其形式为：使用一对花括号，将初始化的各项用逗号分隔。

【说明】

(1) 由于结构体的定义包含多个数据成员项，结构体变量初始化的值应与结构体成员定义的各成员"类型一致、顺序对应"。

(2) 结构体变量的各成员可以部分初始化，也可以全部初始化。如果未全部初始化，则按照从左至右的顺序，中间不能缺省。

例如，对结构体变量 stu1、stu2 初始化。

```
struct student stu1={101,"Wang Gang",'M',1990,7,18,90.5},stu2={102,"Zhang ping",'F'};
```

【分析】本例中 stu1、stu2 被定义为结构体变量，并对 stu1 作了完全初始化赋值，对 stu2 作了部分初始化赋值。

2. 结构体变量各成员分别赋值

结构体变量的赋值可用输入函数或赋值语句来完成。成员赋值的方法要看各成员的数据类型适合做什么操作，如字符型、整型、实型成员可以用赋值语句，字符数组成员要用字符串操作函数。

例如，实现与上例一致的功能。

```
struct student stu1,stu2;
stu1.num=101; strcpy(stu1.name,"Wang Gang"); stu1.sex='M';
stu1.birthday.year=1990;
stu1.birthday.month=7;    stu1.birthday.day=18; stu1.score=90.5;
stu2.num=102; strcpy(stu2.name,"Zhang ping"); stu2.sex='F';
```

3. 结构体变量相互赋值

可将一个结构体变量赋值给另一个结构体变量，相当于对应的各成员分别赋值。例如：

```
stu2=stu1;
```

等价于：

```
stu2.num=stu1.num;      strcpy(stu2.name,stu1.name);
stu2.sex=stu1.sex;      stu2.birthday.year=stu1.birthday.year;
stu2.birthday.month=stu1.birthday.month;
stu2.birthday.day=stu1.birthday.day;
stu2.score=stu1.score;
```

【例 9.6】编程对任意日期，进行当前日期、当月月历、当年年历的输出。

【分析】

(1) 将日期定义为结构体类型。

(2) 定义判闰年、日期输出、月历输出、年历输出 4 个用户函数。

(3) 2 月份要做特殊处理(28 天或 29 天)。闰年的判断，必须满足下面条件之一：年份能被 4 整除，但不能被 100 整除；年份可以被 400 整除。

(4) 在生成月历时，必须判断日期所属星期几，使用基姆拉尔森计算公式：

```
W=(d+1+2*m+3*(m+1)/5+y+y/4-y/100+y/400) mod 7
```

式中，d 表示日期中的日数，m 表示月份数，y 表示年数，w 表示星期几。

注意：

在公式中有个与其他公式不同的地方：把 1 月和 2 月看成是上一年的第 13 月和第 14 月。

【程序代码】

```
#include<stdio.h>
struct date                      //结构体类型定义
{    int year;
     int month;
     int day;
};

int IsLeapYear(int year)          //判断是不是闰年的函数，1—是，0—否
{ int leap;
   if((year%4==0&&year%100!=0)||(year%400==0))      leap=1;
   else        leap=0;
   return leap;
}

void outputDate(struct date    date1) //输出日期
{     printf("Today is %d:%d:%d\n",date1.year,date1.month,date1.day);
```

```
        }

    void outputMonthList(int y,int m)      //输出月历
    {   //根据基姆拉尔森计算日期公式
        int d,w,i,days=0;
        int mon[12]={31,28,31,30,31,30,31,31,30,31,30,31};   //设置每一个月的天

        //输出月历头
        printf("\n=====================%d 年%d 月=====================\n",y,m);
        printf("星期日\t 星期一\t 星期二\t 星期三\t 星期四\t 星期五\t 星期六 \n");

        if(IsLeapYear(y)==1)       //如果是闰年,二月就 29 天
            mon[1]=29;
            //根据基姆拉尔森公式,将 1 月和 2 月当作上年的第 13 月和第 14 月
        if(m==1||m==2)
        {   m+=12; y--;}
            //定位本月 1 号的输出位置
            d=1;
            w=(d+1+2*m+3*(m+1)/5+y+y/4-y/100+y/400)%7;            //计算星期几
            for(i=0;i<w;i++)
                printf("\t");
            //输出月历
            for(d=1;d<=mon[(m-1)%12];d++)
            {   w=(d+1+2*m+3*(m+1)/5+y+y/4-y/100+y/400)%7;   //计算星期几
                if(w==0) printf("\n");            //换行
                switch(w)                         //输出日期
                {
                    case 1:printf("%d\t",d);break;
                    case 2:printf("%d\t",d);break;
                    case 3:printf("%d\t",d);break;
                    case 4:printf("%d\t",d);break;
                    case 5:printf("%d\t",d);break;
                    case 6:printf("%d\t",d);break;
                    case 0:printf("%d\t",d);break;
                }
            }
            printf("\n=====================================");
    }

    void outputYearList(int year)       //输出年历
    {   int i;
        for(i=1;i<=12;i++)
            outputMonthList(year,i);
        printf("\n");
```

```
    }

    int main()
    {   struct date    todaydate;
        printf("请输入 year/month/day:");
        scanf("%d/%d/%d",&todaydate.year,&todaydate.month,&todaydate.day);
        outputDate(todaydate);                        //输出当前日期
        outputMonthList(todaydate.year,todaydate.month);   //输出当前月历
        outputYearList(todaydate.year);               //输出当前年历
        return 0;
    }
```

【运行结果】

```
请输入 year/month/day:2013/5/6↙
Today is 2013:5:6
═══════════════════2013 年 5 月═══════════════════
星期日    星期一    星期二    星期三    星期四    星期五    星期六
                            1         2         3         4
5         6         7         8         9         10        11
12        13        14        15        16        17        18
19        20        21        22        23        24        25
26        27        28        29        30        31

下面是 2013 年年历:
(省略)
```

　　【说明】本例对任一日期进行了当前日期、当月、当年的输出，其中月份的输出是难点，其中每一天是星期几又是重点，该程序运用了基姆拉尔森计算公式来计算，才实现了月历的输出。省略的是年历的输出，就是完成了 1～12 月份的连续输出。

9.2　结构体数组

9.2.1　结构体数组的定义和初始化

1. 结构体数组的定义

　　前面定义了两个学生、两本书的基本信息，如果多个学生、多本书的信息又如何表达呢？可以利用数组来定义，其定义方法和其他类型的数组相似，只需说明数组为结构体类型即可。

　　结构体数组定义的一般格式：

struct 结构体名　结构体数组名[长度];

　　例如，定义一个结构体 struct student 数组，描述 5 个同学的基本信息。

```
struct student stu[5];
```

例如，定义一个结构体 struct book 数组，描述 5 本图书的基本信息。

```
struct book    library[5];
```

一旦结构体数组定义，编译系统会为此数组分配一块连续的存储空间，各个元素具有独立的空间，其成员也具有各自独立的存储空间。对 library 而言，其内存分配如图 9-3 所示。

library[0]	library[0].name	library[0].author	library[0].publish	library[0].price
library[1]	library[1].name	library[1].author	library[1].publish	library[1].price
library[2]	library[2].name	library[2].author	library[2].publish	library[2].price
library[3]	library[3].name	library[3].author	library[3].publish	library[3].price
library[4]	library[4].name	library[4].author	library[4].publish	library[4].price

图 9-3　结构体数组分配存储空间示意图

注意：

编译系统会为此数组分配一块连续的存储空间，各个元素具有独立的空间，其成员也具有各自独立的存储空间。

2. 结构体数组的初始化

在定义结构体数组时赋初值，可以对全部元素赋初值，也可以对部分元素赋初值。由于每一个元素均是结构体类型，实质上是各个"成员"的赋值，可以用一对{}描述每个数组元素，再用一对{}将所有元素包含在一起。当对全部元素进行初始化赋值时，可以不给出数组长度；否则，一定要给出。

【例 9.7】已知 5 本书的基本信息如下，要求使用结构体数组，并按照表 9-1 所示图书的真实信息进行初始化赋值。

(1) 实际图书信息如表 9-1 所示。

表 9-1　实际图书信息

书　　名	作　　者	出 版 社	价　　格
C 程序设计语言	克尼汉	机械工业	30
深入理解计算机系统	Randal E.Bryant/David O'Hallaron	中国电力	85
C 专家编程	Peter Van/Der Linden	人民邮电	45
C 陷阱与缺陷	Andrew Koenig	人民邮电	30
C 和指针	Kenneth A.Reek	人民邮电	65

(2) 图书信息定义及初始化赋值如下：

```
struct book library[5]={{ "C 程序设计语言","克尼汉"," 机械工业", 30},
{"深入理解计算机系统"," Randal E.Bryant/David O'Hallaron","中国电力", 85},
{"C 专家编程","Peter Van/Der Linde","人民邮电", 45},
{"C 陷阱与缺陷"," Andrew Koenig","人民邮电", 30},
{"C 和指针"," Kenneth A.Reek","人民邮电", 65} };
```

【分析】在该例中，图书结构体数组的定义与初始化操作合二为一。

9.2.2　结构体数组元素的引用

结构体数组的每一个元素均是结构体类型，包含各个"成员"。因此，不能对数组元素整体引用，要对数组元素的不同成员分别引用。

其引用的一般形式为：

```
结构体数组名[下标].成员名
```

【例 9.8】对例 9.7 中所描述的 5 本图书基本信息，实现所有图书信息的输出、平均价格的输出。

【程序代码】

```
#include <stdio.h>
struct book
{    char name[30];
     char author[40];
     char publish[40];
     float price;
};
int main()
{    int i;
     float ave,s=0;
     struct book library[5]={{ "C 程序设计语言","克尼汉"," 机械工业", 30},
       {"深入理解计算机系统"," Randal E.Bryant/David O'Hallaron","中国电力", 85},
       {"C 专家编程","Peter Van/Der Linde","人民邮电", 45},
       {"C 陷阱与缺陷"," Andrew Koenig","人民邮电", 30},
       {"C 和指针"," Kenneth A.Reek","人民邮电", 65} };

     printf("Books info are following:\n");           //输出图书信息
     for(i=0;i<5;i++)
     {    printf("%s ,%s ,%s ,%.2f\n",library[i].name,library[i].author,library[i].publish,
          library[i].price);
          s+= library[i].price;                       //计算价格总和
     }
          ave=s/5;                                     //计算平均价格
```

```
    printf("The average price is: %.2f\n",ave);        //输出平均价格
    return 0;
}
```

【运行结果】

```
Books info are following:
C 程序设计语言,克尼汉,机械工业,30.00,
深入理解计算机系统,Randal E.Bryant/David O'Hallaron,中国电力, 85.00
C 专家编程,Peter Van/Der Linde,人民邮电, 45.00
C 陷阱与缺陷,Andrew Koenig,人民邮电, 30.00
C 和指针, Kenneth A.Reek,人民邮电,65.00
The average price is:51.00
```

【说明】本例中定义了一个结构体类型 struct book，在 main 中定义了结构体数组 library，共 5 个元素，并作了初始化赋值。在 main 函数中用 for 语句进行控制对数组元素的各成员分别引用，达到逐本图书基本信息的输出，还完成了计算价格总和、平均价格输出的功能。

9.3　结构体指针

9.3.1　结构体指针的定义和访问

1. 结构体指针的定义

定义一个指针变量为结构体类型，称为"结构体指针变量"或"结构体指针"。

结构体指针定义的一般形式为：

```
struct 结构体名 *结构体指针;
```

例如：

```
struct student *p;
struct book    *q;
```

2. 结构体指针的访问

结构体指针应存放的是相同类型数据的地址。当一个结构体指针指向一个结构体变量时，结构体指针就是该结构体变量在内存的首地址，通过结构体指针就可间接访问该结构体变量。

对结构体指针的访问必须满足下列条件：

(1) 结构体指针的类型一定要与被间接访问的结构体变量类型一致。

(2) 结构体指针必须先赋值后使用。

(3) 由于间接访问的对象是结构体类型，因此不能整体访问，只能对其成员分别访问。其访问的一般形式为：

```
(*结构指针变量).成员名
```

或为：

```
结构指针变量->成员名
```

其中，"->"是结构体成员指针运算符，优先级为 1 级，结合方向为"自左至右"(见附录 C)。

【注意】不能写成：*结构指针变量.成员名，因为"."运算符比"*"运算符优先级更高。

例如：

```
struct student stu,*p;
p=&stu;
p->score=85.5;
```

等价于：

```
stu.score=85.5;
```

【说明】本例中，stu 是结构体变量，所分配的存储空间为各成员之和，p 是结构体指针，分配的存储空间是 4 个字节，经过 p=&stu;操作后，存放了 stu 变量在内存的首地址，因此 p->score=85.5;等价于 (*p).score=85.5;是对 stu.score 的间接访问。

【例 9.9】分别使用结构体变量和结构体指针，输出一个学生的基本信息。

【程序代码】

```
#include<stdio.h>
struct student
{    int num;            //学号
     char name[20];      //姓名
     char sex;           //性别, M—男, F—女
     float score;        //成绩
} stu={1102,"Zhang ping",'M',78.5},*p;
int main()
{    p=&stu;
     printf("Number=%d,Name=%s,Sex=%c,Score=%f\n ",stu.num,stu.name, stu. sex, stu.score);
     printf("Number=%d,Name=%s,", p->num, p->name);
     printf("Sex=%c, ",(* p).sex);
     printf("Score=%f\n",(* p).score);
     return 0;
}
```

【运行结果】

```
Number=1102,Name= Zhang ping,Sex=M,Score=78.500000
Number=1102,Name= Zhang ping,Sex=M,Score=78.500000
```

　　【说明】本例程序定义了一个结构体类型 struct student，定义了结构体变量 stu 并作了初始化赋值，还定义了一个指向 stu 的指针变量 p，被赋予 stu 的首地址，因此 p 指向了 stu，然后在 printf 函数内用三种等价的形式分别输出了 stu 的各个成员值。其结构体指针与结构体变量的对应关系如图 9-4 所示。

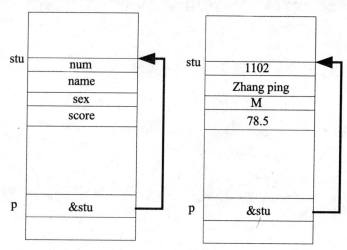

图 9-4　结构体指针的应用

注意:

结构体指针的访问形式:

(*结构指针变量).成员名　　或　　结构指针变量->成员名

9.3.2　指向结构体数组的指针

　　当一个结构体指针指向一个结构体数组时，结构体指针的值就是结构体数组的首地址。这时，对结构体数组的操作就可以通过指针的赋值、算术运算等，使指针指向结构体数组的任一个元素，达到对结构体数组的操作。例如:

```
struct student *p,stu[5];
p=stu;                    //赋予数组首地址
```

等价于:

```
p=&stu[0];                //赋予 0 号元素首地址
```

例如:

```
p++;                      //指针移动到下一个元素首地址
```

例如：

```
p=stu+2;                    //赋予数组偏移地址，即 2 号元素首地址
```

等价于：

```
p=&stu[2];                  //赋予 2 号元素首地址
```

例如：

```
gets(stu[3].name);          //输入 3 号元素的 name 成员值
```

等价于：

```
gets( (p+3)->name);
```

例如：

```
putchar(stu[4].sex);        //输出 4 号元素的 sex 成员值
```

等价于：

```
putchar(p[4].sex);
```

等价于：

```
putchar((p+4)->sex);
```

等价于：

```
putchar((*(p+4)).sex);
```

【例 9.10】用指针变量指向结构体数组，输出各元素的值。

【程序代码】

```c
#include<stdio.h>
struct student
{    int num;
     char name[20];
     char sex;
     float score;
};
int main()
{    struct student *p,stu[5]={
             {1011,"Wen wu",'M',89},{1012,"Li jinke",'M',48.5},
             {1013,"Wang xiao",'F',91},{1014,"Zhang hongbiao",'F',87.5},
             {1015,"Ke yumeng",'M',98}};
     printf("Students info are following:\n");
     for(p=stu;p<stu+5;p++)
```

```
        printf("%d\t%-20s\t%c\t%.2f\n",p->num,p->name,p->sex,p->score);
    return 0;
}
```

【运行结果】

```
Students info are following:
1011    Wen wu              M           89.00
1012    Li jinke            M           48.50
1013    Wang xiao           F           91.00
1014    Zhang hongbiao      F           87.50
1015    Ke yumeng           M           98.00
```

【说明】本例中，p 首先被赋予 stu，指向数组的起始地址，也是数组第一个元素的首地址，然后通过 p++操作使指针 p 指向数组各个元素的地址，依次输出 stu 数组中各成员值。

9.3.3　结构体指针作为函数参数

在函数定义中可以用结构体变量作为函数参数，实现"单向值传递"。如果在函数定义中用结构体指针作为函数参数，则可以实现"双向地址传递"，也会减少函数调用时的时间和空间开销。

【例 9.11】利用结构体指针作为函数参数，将一组学生的信息按成绩从高到低进行排序并输出。

【程序代码】

```
#include<stdio.h>
struct student
{    int num;
     char name[20];
     char sex;
     float score;
};
void sort(struct student *p,int n);           //函数的声明
void output(struct student *p,int n);         //函数的声明
int main()
{ struct student *q,stu[5]={
        {1011,"Wen wu",'M',89},{1012,"Li jinke",'M',48.5},
        {1013,"Wang xiao",'F',91},{1014,"Zhang hongbiao",'F',87.5},
        {1015,"Ke yumeng",'M',98}};
   q=stu;
   sort(q,5);                                 //调用排序函数
   output(q,5);                               //调用输出函数
   return 0;
}
void sort(struct student *p,int n)            //定义排序函数
```

```
{    int i,j;
     struct student   t;
     for(j=0;j<n;j++)
       for(i=0;i<n-j;i++)
         if ((p[i].score)<(p[i+1].score))        //对 2 个元素成绩进行比较
            {t=p[i];p[i]=p[i+1];p[i+1]=t;}        //2 个结构体数组元素交换
}
void output(struct student *p,int n)             //定义输出函数
{ int i;
  printf("Students info are following:\n");
  for(i=0;i<n;i++,p++)
    printf("%d\t%-20s\t%c\t%.2f\n",p->num,p->name,p->sex,p->score);
}
```

【运行结果】

```
Students info are following:
   1015   Ke yumeng          M          98.00
   1013   Wang xiao          F          91.00
   1011   Wen wu             M          89.00
   1014   Zhang hongbiao     F          87.50
   1012   Li jinke           M          48.50
```

　　【说明】在 main 函数中，结构体指针变量 p 被赋值为结构体数组 stu 的首地址；在函数 sort 中，形参和实参的第一个参数为结构指针，实参将 stu 的首地址传递给形参 p，使 p 也指向了 stu 的首地址，实现了地址传递；第二个实参为 5，将值传递给形参 n，说明数组长度(即数组元素的个数)，在 sort 函数内通过"冒泡排序算法"对已知长度范围内的数组元素的成绩成员进行比较，实现结构体数组元素的交换，其中 p[i]相当于 p+i，是将 p 指针相对偏移一个元素的位置；在 output 函数中，也是通过第一个参数的地址传递，分别对不同数组元素进行访问，输出 sort 函数排序后数组元素的各成员值，其中 p++相当于 p=p+1，是将 p 指针绝对移动一个元素的位置。

　　由于本程序全部采用指针变量进行运算和处理，故速度更快，程序效率更高。

9.4　共用体(联合体)类型

9.4.1　共用体的定义

　　共用体是将不同的数据项组织成一个整体来对待，它们在内存中占用同一段存储单元，称为"共用体类型"或"共用体"，还可以称为"联合体类型"或"联合体"。共用体可以将不同的数据项存储在同一个存储空间，但不同时存储。共用体也可以嵌套定义，还可以与结构体一起相互嵌套定义。

共用体定义的一般形式：

> union　共用体名
> { 成员列表　};

其中，union 是关键字，"共用体名"是共用体类型的标志，其命名规则应符合用户标识符的书写规定。成员列表由若干个成员组成，并由一对{}组合在一起，最后以";"结束。在成员列表中，对每个成员要分别以下面的形式进行说明。

成员说明的一般形式：

> 类型标识符　成员名;

其中，类型标识符是成员所属的类型，成员名的命名应符合标识符的书写规定。

【说明】

(1) 在完成一个共用体定义之后，就可以像使用系统基本数据类型一样，定义共用体类型的变量、共用体类型数组、共用体类型指针等。

(2) 共用体类型名是由关键字 union 和"共用体名"共同组合的，关键字 union 可以省略，但在标准 C 中，省略该关键字会出现编译错误。

【例 9.12】定义一个共用体类型 union data，描述整数、字母和实数。

```
union   data
{    int integer;
     char letter;
     double decimal;
};
```

【例 9.13】定义一个共用体类型 union DateTime，包含日期、时间和日期时间。

```
union DateTime
{   struct currentDate
{ int year, month, day; }date;
struct currentTime
{ int hour, minute, second; }time;
struct currentDateTime
{ int year, month, day, hour, minute, second; }datetime;
};
```

【分析】本例中，在定义共用体 union DateTime 中嵌套定义了三个结构体类型：struct currentDate、struct currentTime 和 struct currentDateTime，定义了三个成员：date、time 和 datetime。这样可以使用户对时间、日期或日期时间进行选择性描述。

9.4.2　共用体变量的定义和存储分配

1. 共用体变量的定义

共用体变量的定义同结构体变量定义类似，也有三种方法：(1)先定义共用体类型，再定义变量；(2)定义共用体类型的同时定义共用体变量；(3)定义无名类型的同时定义变量。

例如，定义共用体 union data 变量。

union data   a,b,c;

例如，定义共用体 union DateTime 数组、指针变量。

union DateTime date1,date2[5],*date3;

【分析】本例中，定义了一个共用体变量 date1，定义了一个共用体数组 date2，有 5 个数组元素；还定义了一个共用体指针 date3。

2. 共用体变量的存储分配

由于系统是抽象的，在共用体定义时，编译系统不会让计算机为其分配空间，但变量是具体的，一旦共用体变量被定义，计算机就会为其分配空间，共用体变量分配的空间是共用体变量所有成员中字节数最大的那一项。因此，分配的空间不能满足所有成员同时所需，在任何时刻，只有其中一个成员有效。

例如，分析 union data   a,b,c;各变量的存储空间。

【分析】在该例中，编译系统为变量 a、b、c 各自分配了等长的数据存储单元，分配的空间大小是各成员中字节数最大的那一项，在 VC++环境下是 8 字节。其存储分配如图 9-5 所示，图 9-5(a)所示是各成员所需的字节数，图 9-5(b)所示是各变量所分配的字节数。

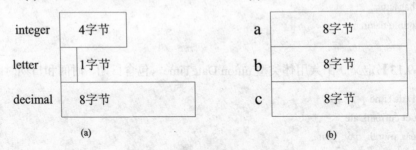

图 9-5　共用体变量的存储分配

例如，分析 union DateTime   date1,date2[5],*date3; 各变量的存储空间。

【分析】在该例中，编译系统为变量 date1 分配了 8 字节的存储空间；为数组 date2 分配了一段连续的存储空间共 40 个字节，其中每个元素等长，均为 8 字节；为指针变量 date3 分配了 4 个字节，存储相同类型变量的地址。假设 date3=&date1，那么 date3 中存放的是 date1 的起始地址，通过指针 date3 就可以间接访问 date1 的各成员。其存储分配如图 9-6 所示。

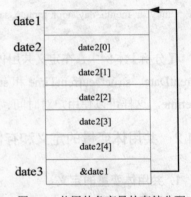

图 9-6　共用体各变量的存储分配

9.4.3 共用体成员的访问

在程序中使用共用体变量时，因为共用体变量分配的空间是共用体变量所有成员中字节数最大的那一项，各成员不可以同时存在，在任何时刻，只有其中一个成员有效。如果成员本身又是一个结构体或共用体，则必须逐级找到最低级的成员才能使用。

共用体成员引用的一般形式：

> 共用体变量名.成员名

【例 9.14】使用共用体编程，实现形状为三角形、圆、长方形之一时的面积计算。

【程序代码】

```c
#include <stdio.h>
#include <math.h>
union shape                        //共同体类型的定义
{struct   triangle                 //嵌套定义三角形结构类型
    {   int a,b,c;
        float area;
    }tri;
    struct circle                  //嵌套定义圆结构体类型
    {   int r;
        float area;
    }cir;
    struct rectangle               //嵌套定义长方形结构体类型
    {   int length,height;
        float area;
    }rec;
};
int main()
{char shapechoose;
 union shape each;

    printf("Please enter shape choose:1-triangle,2-circle,3-rectangle:");
    shapechoose=getchar();                        //接受用户选择
    switch(shapechoose)
    {case '1':                                    ////三角形的处理
        printf("Please enter    triangle's   a,b,c:") ;
        scanf("%d,%d,%d",&each.tri.a,&each.tri.b,&each.tri.c);
        float s;
        s=(float)(each.tri.a+each.tri.b+ each.tri.c)/2;
        each.tri.area=sqrt(s*(s-each.tri.a)*(s-each.tri.b)*(s-each.tri.c));
        printf("The triangle's area is %.2f\n",each.tri.area);
        break;
    case '2':                                     //圆的处理
        printf("Please enter circle's radius:");
```

```
            scanf("%d",& each. cir.r);
            each.cir.area=3.14159* each.cir.r * each.cir.r;
            printf("The circle's area is %f\n", each.cir.area);
            break;
      case '3':                                    //长方形的处理
            printf("Please enter rectangle's length,height");
            scanf("%d,%d",& each.rec.length,& each.rec.height);
            each.rec.area= each.rec.length * each.rec.height;
            printf("The rectangle's area is %f\n", each.rec.area);
            break;
      }
      return 0;
}
```

【运行结果 1】

Please enter shape choose:1-triangle,2-circle,3-rectangle:1✓

Please enter　triangle's　a,b,c:25,24,45✓

The triangle's area is：218.09

【运行结果 2】

Please enter shape choose:1-triangle,2-circle,3-rectangle:2✓

Please enter circle's radius::23✓

The circle's area is：1661.90

【运行结果 3】

Please enter shape choose:1-triangle,2-circle,3-rectangle:3✓

Please enter rectangle's length,height: 22,33✓

The rectangle's area is 726.00

　　【说明】本例中，定义了共用体类型 union shape，里面嵌套定义了三个结构体类型 struct triangle、struct circle、struct rectangle，其成员分别为 tri、cir 和 rec，共用体变量 each 所分配的空间是 tri、cir、rec 所需存储空间最大的一项，且某一个时刻只有一个成员有效。

　　因此，当输入 1，选择的形状为 1-triangle 时，其成员 tri 有效，对其嵌套的成员采取逐级访问的方式，如 each.tri.a、each.tri.b、each.tri.c、each.tri.area。

　　当输入 2，选择的形状为 2-circle 时，其成员 cir 有效，对其嵌套的成员采取逐级访问的方式，如 each.cir.r、each.cir.area。

　　当输入 3，选择的形状为 3-rectangle 时，其成员 rec 有效，对其嵌套的成员采取逐级访问的方式，如 each.rec.length、each.rec. height、each.rec.area。

9.5　动态存储分配

　　C 语言在 stdlib.h 库中提供了一些内存管理函数,可以根据用户的需求对内存进行动态管理,实现程序执行过程中的内存动态分配、内存回收,为合理利用内存资源提供了有效的手段。

　　常用的内存管理函数有以下四个。

1. 分配内存空间函数 malloc

　　函数原型：void * malloc(unsigned size);

　　功能：在内存的动态存储区中分配一块长度为 size 字节的连续区域。函数的返回值为该区域的首地址。例如：

```
char *pc;
pc=(char *)malloc(100);
```

　　【分析】本例中,调用 malloc 函数分配了 100 个字节的内存空间,并强制转换为字符数组类型,函数的返回值为指向该字符数组的指针,把该指针赋予指针变量 pc。其中(char *)为类型的强制转换。

　　例如,为 100 本书信息的存储分配一段连续空间,定义一个结构体指针保存起始地址。

```
struct book *pbook;
pbook=(struct book *)malloc(100*sizeof(struct book));
```

　　【分析】本例中,利用 sizeof(表达式)函数,自动计算结构体类型 struct book 所需的空间(即每本书所需的字节数),100*sizeof(struct book)为 100 本书信息的存储所需的空间,调用 malloc 函数分配一段连续空间,将首地址赋值给指针 pbook。

2. 分配内存空间函数 calloc

　　函数原型：(void *)calloc(unsigned　n, unsigned　size);

　　功能：在内存动态存储区中分配 n 个数据项的内存连续空间,每个数据项的大小为 size 字节。函数的返回值为该区域的首地址。例如：

```
pbook =( struct book *)calloc(100,sizeof(struct book));
```

　　【分析】本例中,利用 sizeof(表达式)函数,自动计算表达式所需要的字节数,调用 calloc 函数分配 100 个长度为 sizeof(struct book)字节的连续空间,将首地址赋值给指针 pbook。

3. 释放内存空间函数 free

　　函数原型：void　free(void *p);

功能：释放 p 所指的一块内存空间，p 可以是任意类型的指针变量，它指向被释放区域的首地址。被释放区必须是由 malloc 或 calloc 函数所分配的区域。

例如，释放刚才为图书信息所分配的区域。

```
free(pbook);
```

【分析】本例中，调用 free 函数释放 pbook 所指向的内存空间。

4. 分配内存空间函数 realloc

函数原型：void * realloc(类型说明符 *p, unsigned size);

功能：将 p 所指向的已分配内存区的大小改为 size，size 可以比原来分配的空间大，也可以比原来分配的空间小。例如：

```
pbook =( struct book *)realloc(pbook,(100+10)*sizeof(struct book));
```

【分析】本例中，如果原来是为 100 本书的信息分配的内存区，现在要增加 10 本书的信息，又再为其多分配一段空间，其每本书所需的字节数为 sizeof(struct book)长度。调用 realloc 函数分配内存区的大小为(100+10)*sizeof(struct book)，将首地址赋值给指针 pbook。

9.6　链　表

9.6.1　链表的概念

在 C 语言中，我们学会了基本数据类型、自定义类型、数组等。其中数组作为存放相同类型数据的集合，给我们在程序设计时带来很多的方便，不足的是数组的大小在定义时要事先确定，编译系统会根据数组元素类型和数组元素的大小静态分配一块连续的内存区域。由于所分配的空间不能在程序执行过程中进行调整，常常以最大需求来定义数组，因此常常会造成一定存储空间的浪费或者空间不足的尴尬。

我们希望在程序的执行过程中根据数据量的多少动态分配和释放存储空间，其链表就是最常见的一种方式，链表是为了把连续或非连续的存储空间都利用起来，在存放当前数据的同时还存放下一个数据存放的地址，即数据之间的联系用指针来实现，把不同数据用链来串接形成"链"。按照此法，可以把不同的数据存放在非连续或连续的内存区域，既充分利用了内存的空闲空间，又可以对内存实现动态管理。下面我们以单链表的形式进行说明。

9.6.2　单链表的定义

单链表有一个"头指针"，存放整个链表在内存的首地址，该地址指向第一个元素。单链表中的每一个元素称为"结点"，每个结点都是结构体类型，包括两项成员：(1)存放结点自身的数据(称为数据域)；(2)存放下一结点的首地址(称为指针域)。链表按此结构，排列第一个结点、第二个结点、第三个结点⋯⋯，其后继结点的地址都由当前结点的指针域给出，由于单链表的尾结点无后继结点，将其指针域置为空，写作 NULL(值为 0)。

单链表结点定义如下：

```
struct linklist
{    int data;                //数据域
     struct linklist *next;    //指针域
};
```

其中，data 为数据域(假设数据域为整型，实际可能不同)，next 为指针域，由于存放的是下一个结点的首地址，它是一个指向 struct linklist 类型结构的指针变量，因此指针域的定义是一种递归定义。

若将 $a_1, a_2, a_3, \cdots a_n$ 若干个结点用单链表的形式存储，则有一个头指针要存储第一个结点的首地址，第一个结点的数据域存放 a_1，指针域存放第二个结点的首地址，以此类推，最后一个结点的数据域存放 a_n，指针域为空。其结构示意如图 9-7 所示。

图 9-7　单链表结构示意图

有时为了编程操作的方便，往往增设一个头结点，其数据域往往忽略，但指针域存放第一个结点的首地址。其结构示意如图 9-8 所示。

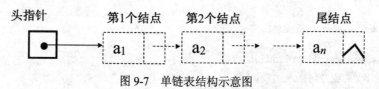

图 9-8　带头结点的单链表结构示意图

9.6.3　单链表的基本操作

单链表的基本操作有初始化、插入、删除、查找、输出、求表长、销毁等。
对单链表各结点的访问均需从链表的头开始，顺序向后查找。

1．初始化算法

【功能】建立一个带头结点的空链。

【算法】

```
struct linklist *InitLinkList(struct linklist * L)
{L=(struct linklist *)malloc(sizeof(struct linklist));    //生成头结点
 if(!L)                                                    //若存储空间分配失败，异常退出
     exit(OVERFLOW);
 L->next=NULL;                                             //设指针域为空
```

```
    return L;
    }
```

【结构示意图】

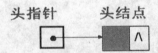

头指针　　　头结点

【分析】在 InitLinkList 函数中，其形参 L 为一个结构体指针，在函数内调用 malloc 函数分配内存，将地址赋值给指针 L，若分配成功，即生成一个头结点，忽视其数据域，修改其指针域为 NULL(值为 0)。若分配失败，调用 exit 函数异常结束，返回错误码 OVERFLOW(值为-1)，成功则返回头指针。

2. 插入算法

【功能】在带头结点的单链线性表 L 中第 i 个位置之前插入元素 e，成功返回 1，失败返回 0。

【算法】

```
int ListInsert(struct linklist *L,int i,int e)
{   //在第 i 个位置之前插入元素 e
    int j=0;
    struct linklist *p=L,*s;
    while(p&&j<i-1)              //寻找第 i-1 个结点
    {   p=p->next;      j++;    }
    if(!p||j>i-1) // i 小于 1 或者大于表长
        return 0;
    s=(struct linklist *)malloc(sizeof(struct linklist)); //生成新结点
    s->data=e;              //修改数据域
    s->next=p->next;        //插入改链
    p->next=s;
    return 1;
}
```

【结构示意图】

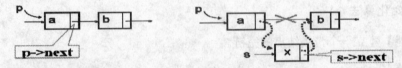

【分析】在插入算法中，分三步：(1)找到插入点的前驱结点。用 p 指针移动到第 i-1 个结点处，p 指针的移动用 p=p->next，移动的次数使用 j 为计数器进行统计。(2)准备好插入点。用 s 指针指向被分配的地址，修改其数据域为要插入的值。(3)改链。将插入点与原来的结点形成正确的前驱和后继的关系，执行 s->next=p->next; 和 p->next=s;两条语句。

3. 删除算法

【功能】在带头结点的单链线性表 L 中，删除第 i 个元素，并由 e 返回其值。成功返回 1，失败返回 0。

【算法】

```
int ListDelete(struct linklist *L,int i,int *e)
{                               //删除第 i 个结点
    int j=0;
    struct linklist *p=L,*q;
    while(p->next&&j<i-1)        //寻找第 i 个结点，并令 p 指向其前驱
    {      p=p->next;       j++;      }
    if(!p->next || j>i-1)        //删除位置不合理
        return 0;
    q=p->next;                  //指向删除位置
    *e=q->data;                 //保存数据
    p->next=q->next;            //删除改链
    free(q);                    //释放空间
    return 1;
}
```

【结构示意图】

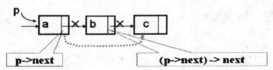

【分析】在删除算法中，分四步：(1)找到被删结点的前驱结点。同插入算法相同。(2)保存数据。用 q 指针指向被删结点，执行 q=p->next，取当前结点的数据域，执行*e=q->data;(3)改链。执行 p->next=q->next;(4)释放空间。调用 free 函数。

4. 输出算法

【功能】依次输出链表的各个结点的数据域。

【算法】

```
void ListOutput(struct linklist L)
{ //输出所有结点
    struct linklist *p=L->next;         //p 从第 1 个结点开始
    while(p)
    {   printf("%d", p->data);          //输出当前结点的数据域
        p=p->next;                      //依序将指针移动到下一个结点
    }
}
```

【分析】在输出算法中，分两步：(1)依次找到链表的每个结点的位置，用 p 指向；(2)输

出当前结点的数据域，即输出 p->data 的值。

9.6.4　单链表的应用

【例 9.15】建立一个管理学生基本信息的链表(带一个头结点)，存放学生数据。为简单起见，假定学生数据域中只有学号和姓名两项，实现学生信息的入学、退学、浏览输出等功能。

【分析】

(1) 根据学生信息，定义存储数据的链表结构。

(2) 编写基本算法：链表的初始化，链表的插入(一个学生的入学)，链表的生成(多个学生的入学—批处理)，链表的删除(退学)，链表的输出(学生信息浏览)。

(3) 编写一个测试函数(main 函数)，实现基本算法的调用。

(4) 假设有 5 个学生入学，1 个学生退学。

【程序代码】

```c
#include <stdio.h>
#include <malloc.h>
#include <stdlib.h>
#include <string.h>
#define NULL 0
#define OVERFLOW -1
struct student              //单链表的定义
{ int num;
   char name[20];
   struct student *next;
};

struct student  * InitLinkList(struct student  *L)
{L=(struct student *)malloc(sizeof(struct student)); //生成头结点
 if(!L)                     //若存储空间分配失败，异常退出
     exit(OVERFLOW);
 L->next=NULL;              //设指针域为空
 return   L;                //返回头指针
}

int ListInsert(struct student  *L,int i,struct student  is)
{  //在第 i 个位置之前插入元素 e
   int j=0;
   struct student  *p=L,*s;
   while(p&&j<i-1)           //寻找第 i-1 个结点
   { p=p->next;    j++;   }
     if(!p||j>i-1)           //i 小于 1 或者大于表长
        return 0;
```

```
      s=(struct student *)malloc(sizeof(struct student)); //生成新结点
      s->num=is.num;
      strcpy(s->name,is.name);          //修改数据域
      s->next=p->next;                  //改链
      p->next=s;
      return 1;
  }
  void   ListCreat(struct student   *L,int   n)
  {//生成链表
   struct student   s;
   int i;

   for(i=1;i<=n;i++)
     { printf("Input student's No: ");
      scanf("%d",&s.num);              //输入学号
      getchar();
      printf("Input student's Name: ");
      gets(s.name);                    //输入姓名
      ListInsert(L,i,s);               //将 s 结点插入到链表第 i 个位置中
     }
  }
  int ListDelete(struct student   *L,int   i,struct student   *ds)
  {//删除第 i 个结点
     int j=0;
     struct student *p=L,*q;
     while(p->next&&j<i-1)             //寻找第 i 个结点，并令 p 指向其前驱
     {   p=p->next;        j++;    }
     if(!p->next || j>i-1)             //删除位置不合理
         return 0;
     q=p->next;                        //q 指向被删结点
     ds->num=q->num;                   //保存被删结点的数据
     strcpy(ds->name,q->name);

     p->next=q->next;                  //改链
     free(q);                          //释放空间
     return 1;
  }
  void ListOutput(struct student   *L)
  {//输出所有结点
     struct student *p=L->next;                    //寻找第 1 个结点
     while(p)
     { printf("Student's No: %d   ", p->num);       //输出当前结点的数据域
       printf("Student's Name: %s\n", p->name);     //输出当前结点的数据域
       p=p->next;                                   //依序将指针移动到下一个结点
```

```
    }
}

int main()
{struct student *SL,e;
  SL=InitLinkList(SL);                         //初始化链表

  ListCreat(SL,5);                             //模拟 5 个学生入学，生成一个单链表
  ListOutput(SL);                              //输出所有学生的基本信息

  if(ListDelete(SL,3,&e)==1)                   //模拟第 3 个学生退学
  {   printf("The deleted student's info is :");
      printf("No:%d\t", e.num);                //输出被删结点的学号
      printf("Name:%s\n", e.name);             //输出被删结点的姓名
  }
  ListOutput(SL);                              //输出余下所有学生的基本信息
  return 1;
}
```

【运行结果】

```
Input student's No: 1001✓
Input student's Name:赵百✓
Input student's No: 1002✓
Input student's Name: 钱家✓
Input student's No: 1003✓
Input student's Name: 孙姓✓
Input student's No: 1004✓
Input student's Name: 李排✓
Input student's No: 1005✓
Input student's Name: 周序✓
Student's No: 1001    Student's Name: 赵百
Student's No: 1001    Student's Name: 赵百
Student's No: 1002    Student's Name: 钱家
Student's No: 1003    Student's Name: 孙姓
Student's No: 1004    Student's Name: 李排
Student's No: 1005    Student's Name: 周序
The deleted student's info is : No:1003    Name: 孙姓
Student's No: 1001    Student's Name: 赵百
Student's No: 1002    Student's Name: 钱家
Student's No: 1004    Student's Name: 李排
Student's No: 1005    Student's Name: 周序
```

【说明】(1)在程序头包含 4 个系统库，调用了 stdio.h 库中 scanf、printf、getchar、gets 函数；调用了 stdlib.h 库中的 exit 函数，调用了 malloc.h 库中的 malloc、free 函数，调用了

string.h 库中的 strcpy 函数。(2)用宏定义对两个符号常量作了定义。这里用 NULL 表示 0，用 OVERFLOW 表示-1，主要的目的是使意义更加明确。(3)定义了 struct student 结构体类型。(4)定义了 5 个基本操作函数：InitLinkList、ListInsert、ListCreat、ListDelete、ListOutput。(5)定义了一个测试函数 main。

9.7　枚 举 类 型

9.7.1　枚举类型的定义

在实际问题中，有些变量的取值被限定在一定范围内。例如，一个星期有七天、一年有十二个月、彩虹有七色、性别有两种、一年有四季等。C 语言可以将其定义为"枚举"类型。在"枚举"类型的定义中列举出所有可能的取值，属于该"枚举"类型的变量取值严格限定为其列出的值，不能超过定义的范围。

枚举不是创造新的类型，只是引用数据类型，其目的仅仅是提高程序的可读性。

1. 枚举类型定义的一般形式

```
enum 枚举名{ 枚举值表 };
```

在枚举值表中应罗列出所有可用值，这些值也称为枚举元素。

例如，定义季节、星期、颜色三类枚举类型。

```
enum season{Spring,Summer,Autumn,Winter};
enum weekday{Sunday,Monday,Tuesday,Wednesday,Thursday,Friday, Saturday};
enum colorType{ Red,Green,Blue };
```

2. 枚举变量的说明

与结构体、共用体相似，要先进行类型的定义，再进行变量的声明。

例如，定义 c1、c2、c3 三个 colorType 枚举类型变量。

(1) 先定义枚举类型，再定义变量。

```
enum colorType{ Red,Green,Blue };
enum colorType c1,c2,c3;
```

(2) 定义枚举类型的同时定义变量。

```
enum colorType{ Red,Green,Blue } c1,c2,c3;
```

(3) 定义无名的枚举类型同时定义变量。

```
enum { Red,Green,Blue } c1,c2,c3;
```

9.7.2　枚举类型变量的赋值和使用

枚举元素本身的值是常量，是由系统定义的一个表示序号的数值，默认从 0 开始，依次为 0，1，2…。如在 season 中，Spring 值为 0，Summer 值为 1，Autumn 值为 2，Winter 值为 3。枚举元素不是字符常量也不是字符串常量，使用时不要加单、双引号。

【例 9.16】定义描述四季的枚举类型和变量，枚举元素值系统默认。

【程序代码】

```
#include <stdio.h>
enum season{Spring,Summer,Autumn,Winter};
int main()
{    enum season s1=Spring,s2=Summer,s3=Autumn,s4=Winter;
     printf("%d,%d,%d,%d\n",s1,s2,s3,s4);
     return 0;
}
```

【运行结果】

```
0,1,2,3
```

用户在枚举类型定义时还可以修改枚举元素的值。如果用户没有设定，枚举元素本身的值就按系统依序设置或前一个元素值增 1。

【例 9.17】定义描述四季的枚举类型，枚举元素值分别为系统默认与用户设置。

【程序代码】

```
#include <stdio.h>
enum season{Spring,Summer=20,Autumn=30,Winter};
int main()
{    enum season s1=Spring,s2=Summer,s3=Autumn,s4=Winter;
     printf("%d,%d,%d,%d\n",s1,s2,s3,s4);
     return 0;
}
```

【运行结果】

```
0，20，30，31
```

【说明】本例中，Spring 值为默认的 0，Summer 和 Autumn 为用户设置的值，Winter 为前一个元素值增 1。

枚举元素本身的值虽然是一个表示序号的整数值，但不可以直接给其变量赋值为一个整型常量，只能赋值为枚举值或将整型常量强制性转化为枚举类型。例如：

```
enum season s1=10;                    //不正确
enum season s1=(enum season)10;       //正确
```

等价于：

```
enum season s1=Spring;
```

【例 9.18】定义一个四季枚举类型，分别用诗句实现对四季的美好描述。

【程序代码】

```
#include <stdio.h>
enum season{Spring,Summer,Autumn,Winter};
void main()
{enum season oneseason;
printf("Please choose a season:0- Spring,1-Summer,2-Autumn,3-Winter: ");
scanf("%d",&oneseason);
switch(oneseason)
{case Spring:    //枚举元素值为 Spring
        printf("苏轼《惠崇春江晚景二首》竹外桃花三两枝，春江水暖鸭先知。蒌蒿满地芦芽短，
            正是河豚欲上时。\n");
        break;
 case Summer: //枚举元素值为 Summer
        printf("杨万里《小池》泉眼无声惜细流，树荫照水爱晴柔。小荷才露尖尖角，早有蜻蜓立
            上头。\n");
        break;
 case 2:      //枚举元素值为 Autumn
        printf("刘长卿《游休禅师双峰寺》寒潭映白月，秋雨上青苔。相送东郊外，羞看骢马回。\n");
        break;
 case 3:      //枚举元素值为 Winter
        printf("岑参《冬夕》浩汗霜风刮天地，温泉火井无生意。泽国龙蛇冻不伸，南山瘦柏消残翠。
            \n");
    }
}
```

【运行结果】

Please choose a season:0- Spring,1-Summer,2-Autumn,3-Winter: 1✓
杨万里《小池》泉眼无声惜细流，树荫照水爱晴柔。小荷才露尖尖角，早有蜻蜓立上头。

【说明】在输入时，输入 0 或 1 或 2 或 3，通过 switch 选择输出描述四季的著名诗句。

9.8　类型重定义 typedef

C 语言不仅提供了丰富的数据类型，还允许用户将已有的类型重新定义为一个新的名称，即为一个已经存在的数据类型创建一个"别名"，使用类型定义符 typedef 可完成此功能。

9.8.1　类型重定义形式

用 typedef 定义数组、指针、结构等类型，其作用不是定义一个新的类型，只是简化程序书写，而且使意义更为明确，以此增强程序的可读性。

typedef 定义的一般形式为：

> typedef　类型名称　类型标识符；

其中，typedef 为系统保留字；"类型名称"为已知数据类型名称，包括基本数据类型和用户自定义数据类型；"类型标识符"为新的类型名称，一般用大写字母表示，以便于区别。

9.8.2　类型重定义应用

typedef 主要有如下几种用途：

(1) 为基本数据类型定义新的类型名，使类型名简洁或意义更明确。

例如：typedef unsigned int UINT;

【说明】定义的 UINT 表示无符号整型类型。

> UINT a,b;

等价于：

> unsigned int a,b;

例如：typedef　int　INTEGER;

【说明】定义的 INTEGER 表示有符号的基本整型类型。

> INTEGER a,b;

等价于：

> int a,b;

(2) 为自定义数据类型(结构体、共用体和枚举类型)定义新的类型名，使类型名简洁。

例如：

> typedef struct point
> { int x;　int y; } POINT;

【说明】定义的 POINT 表示结构体类型名。

> POINT point1={100,200};

等价于：

> struct point　point1={100,200};

(3) 为数组定义新的类型名，使类型名简洁。例如：

typedef char NAME[20];

　　【说明】定义的 NAME 表示字符数组类型，其长度为 20。

NAME stu1,stu2;

等价于：

char stu1[20],stu2[20];

(4) 为指针定义新的类型名，使类型名简洁。例如：

typedef char * STRING;

　　【说明】定义的 STRING 表示字符指针类型。

STRING　name={"Zhangpin"};

等价于：

char *name={"Zhangpin"};

9.8.3　类型重定义举例

随着科技的发展，图像处理技术已经渗透到人类生活的各个领域，得到越来越多的应用，并取得了巨大的成就。我们希望通过对数字图像格式的分析，学会基本的图像处理，首先探讨 Windows 位图文件(.bmp 文件)的格式，Windows 位图文件的格式大体分成四个部分，如图 9-9 所示。

| 位图文件头BITMAPFILEHEADER |
| 位图信息头BITMAPINFOHEADER |
| 调色板Palette |
| 实际的位图数据ImageData |

图 9-9　Windows 位图文件结构示意图

考虑到现有的数字图像处理都是基于 Windows 平台，都或多或少使用了 Win32 API 函数，不能直接移植到 Linux 或者嵌入式系统中，为了保证程序的可移植性，下面采用标准 C 语言建立数字图像处理的基本框架。

1. Windows 位图文件的类型定义和图像数据表示

(1) 用 typedef 定义与平台无关的类型

从图 9-9 可以看出，Windows 位图文件包含 4 个部分，需要用到如 LONG、WORD、

DWORD 等类型的标识符，这是在跨平台时(如 Visual C++)的类型标识符，其实无须改变基本类型，只需要用 typedef 将本平台的类型与其他平台的类型进行类型的重定义，不用对其他源码做任何修改，即可以达到跨平台的操作。

```
typedef unsigned short WORD;          // WORD 为无符号的 16 位整数
typedef unsigned long DWORD;          // DWORD 为无符号的 32 位整数
typedef long LONG;                    // LONG 为有符号的 32 位整数
typedef unsigned char BYTE;           // BYTE 为无符号的 8 位整数
```

(2) 位图文件头 BITMAPFILEHEADER 结构类型的定义

位图文件头 BITMAPFILEHEADER 是一个固定的结构，长度为 14 个字节。其定义如下：

```
typedef struct tagBITMAPFILEHEADER{
WORD      bfType;       //必须是 0x424D, 即字符串"BM"
DWORD     bfSize;       //指定文件大小
WORD      bfReserved1;  //保留字
WORD      bfReserved2;  //保留字
DWORD     bfOffBits;    //从文件头到实际的位图数据的偏移字节数，即图中前三个部分的长度之和
}BITMAPFILEHEADER;
```

(3) 位图信息头 BITMAPINFOHEADER 结构类型的定义

位图信息头 BITMAPINFOHEADER 也是一个固定的结构，长度为 40 个字节。其定义如下：

```
typedef struct tagBITMAPINFOHEADER{
DWORD     biSize;          //指定这个结构的长度，为 40
LONG      biWidth;         //指定图像的宽度，单位是像素
LONG      biHeight;        //指定图像的高度，单位是像素
WORD      biPlanes;        //必须是 1
WORD      biBitCount;      //表示颜色时要用到的位数，常用的值为 1(黑白 2 色//图)、4(16 色图)、
                           //8(256 色)、24(真彩色图)
DWORD     biCompression;   //指定位图是否压缩，有效的值为 BI_RGB、BI_RLE8、BI_RLE4、
                           //BI_BITFIELDS, BI_RGB 表示不压缩
DWORD     biSizeImage;     //指定实际的位图数据占用的字节数
LONG      biXPelsPerMeter; //指定目标设备的水平分辨率
LONG      biYPelsPerMeter; //指定目标设备的垂直分辨率
DWORD     biClrUsed;       //指定本图像实际用到的颜色数，为 2 的 biBitCount 次方
DWORD     biClrImportant;  //指定本图像中重要的颜色数
}BITMAPINFOHEADER;
```

(4) 调色板 Palette 结构类型的定义

调色板(Palette)实际上是一个数组，共有 biClrUsed 个元素(如果该值为零，则有 $2^{biBitCount}$ 个元素)。数组中每个元素的类型是一个 RGBQUAD 结构，占 4 个字节。其定义如下：

```
typedef struct tagRGBQUAD{
```

```
        BYTE  rgbBlue;              //该颜色的蓝色分量
        BYTE  rgbGreen;            //该颜色的绿色分量
        BYTE  rgbRed;              //该颜色的红色分量
        BYTE  rgbReserved;         //保留值
}RGBQUAD;
```

(5) 图像数据

对于用到调色板的位图，图像数据就是该像素颜色在调色板中的索引值。对于真彩色图，图像数据就是实际的 R、G、B 值。

对于 2 色位图，用 1 位就可以表示该像素的颜色(一般 0 表示黑，1 表示白)；对于 16 色位图，用 4 位可以表示一个像素的颜色；对于 256 色位图，用 8 位可以表示一个像素的颜色，即一个字节表示 1 个像素。

2. Windows 位图文件的基本操作和图像处理

上面通过对 Windows 位图格式的分析，可以获得数字化图像各个像素点的数据(灰度值等)，有了这些数据，就可以对图像施加各种处理算法，实现数字图像处理。图像的基本操作有打开、保存、创建等；图像处理基本功能有图像编码、图像增强、图像复原、图像分割和图像分析等功能。具体地，可以将不同的功能编写成算法，这里就不介绍了，请看看关于数字图像处理的书籍，或者自己编编程序。

9.9　位　操　作

在计算机存储空间管理中，分配的最小单位是字节，但在计算机编程中，位可以是操作的最小数据单位。对位的操作特别适合对计算机硬件进行控制，或者进行数据变换，如编写设备驱动程序、数据压缩、数据加密。例如，位的操作在单片机编程中经常遇到。因此，C 语言不仅具有高级语言的灵活性，而且具有低级语言贴近硬件的特点，灵活的位操作可以有效地提高程序运行效率。

C 语言提供了 6 种位运算符(见表 9-2)，其中参与运算的数均以"二进制的补码形式"出现。

表 9-2　位运算符

优　先　级	运　算　符	意　　义	结合方向	举　　例
2	～	取反	自右向左	～a
5	>>、<<	左移，右移	自右向左	a<<2、b>>3
8	&	按位与	自左向右	a&b
9	^	按位异或	自左向右	a^b
10	|	按位或	自左向右	a|b

9.9.1 按位与运算(&)

"&"是双目运算符。其功能是参加运算的两个数据，按二进位进行"与"运算。原则是全 1 为 1，有 0 为 0，即 0&0=0，0&1=0，1&0=0，1&1=1。

例如，9&25=9 运算表示如下：

00001001 &00011001 =00001001

在实际应用中，按位与运算经常被用于实现特定的功能，通常用来对某些位清零或保留某些位。

(1) 清零特定位

通常将特定位置 0，其他位为 1，被用来使变量中的某一位清零。

例如，a=0xfe; 要使变量 a 的第 1 位、第 3 位、第 5 位、第 7 位清零。

执行，a&0xaa，运算表示如下：

11111110 & 10101010=10101010

(2) 取某数中指定位

将特定位置 1 可保留某一位，将特定位置 0 可屏蔽某一位。

例如，a=0x55; 将高四位清零，而保留低四位。

执行：a=a&0x0f，运算表示如下：

01010101 & 00001111=00000101

9.9.2 按位或运算(|)

按位或运算符"|"是双目运算符。其功能是参与运算的两数各对应的二进位相或。只要对应的两个二进制位有一个为 1 时，结果位就为 1，即 0|0=0，0|1=1，1|0=1，1|1=1。

例如，9|5=13 运算如下：

00001001|00000101 = 00001101

在实际应用中，按位或操作经常被用于实现特定的功能，通常用来对某些位置 1，其他位不变。

例如，a=0x00; 将 a 的低 7 位置为 1。

a=a|0x7f 的运算如下：

00000000|01111111=01111111

9.9.3 按位异或运算(^)

按位异或运算符"^"是双目运算符。其功能是参与运算的两数各对应的二进位相异或，当两对应的二进位相异时，结果为 1，即 0^0=0，0^1=1，1^0=1，1^1=0。

例如，9^5=12 运算如下：

00001001 ^ 00000101 = 00001100

在实际应用中，按位异或操作经常被用于实现特定的功能。

(1) 使特定位的值取反，当一个位与 1 作异或，其他位为 0，运算时结果就为此位翻转后的值。

例如，0x35^0x0f=0x6a 使 a 的低四位翻转，其运算如下：

00110101 ^ 00001111=11001010

(2) 不引入第三变量，交换两个变量的值

例如，两个 unsigned char 指针变量值交换。

```c
void swap_xor(unsigned char *pa,unsigned char *pb)
{ *pa=*pa^*pb;
  *pb=*pa^*pb;
  *pa=*pa^*pb;
}
```

9.9.4 按位取反运算(~)

取反运算符"~"为单目运算符，具有右结合性。其功能是对其各二进位按位取反。即~1=0，~0=1。

例如，设 a=9，~a 表示为：

~(00001001) =   11110110(十进制-10)

9.9.5 左移运算(<<)

左移运算符"<<"是双目运算符。其功能是把"<<"左边的运算数的各二进位全部左移若干位，"<<"右边的数为指定移动的位数。

对于左边移出的高位丢弃，低位补 0。

例如，设 a=15，a<<2 表示为：把 00001111 左移为 00111100(十进制 60)，是原来的 4 倍。很显然，左移 N 位，就等于乘以 2^N。但这一结论只适用于左移时被溢出的高位中不包含 1 的情况。

9.9.6 右移运算(>>)

右移运算符">>"是双目运算符。其功能是把">>"左边的运算数的各二进位全部右移若干位，">>"右边的数为指定移动的位数。

对于左边移出的空位，如果是正数则空位补 0，右移 N 位，就等于除以 2^N；若为负数，可能补 0 或补 1，这取决于所用的计算机系统。移入 0 的叫逻辑右移，移入 1 的叫算术右移。

例如，设 a=15，a>>2 表示为：把 00001111 右移为 00000011(十进制 3)。

又如，设 a= -15，a>>2 表示为：

(1) 逻辑右移：把 11110001 右移为 00111100(十进制 60)。

(2) 算术右移：把 11110001 右移为 11111100(十进制-4)。

注意：

使用左移和右移，将比用乘法和除法快得多，因此在程序中适当地使用位运算，可以提高程序的运行效率。但要注意溢出和负数的表示。

9.9.7　位运算复合赋值运算符

在对一个变量进行位操作后，将其结果再赋给该变量，就可以使用位运算复合赋值运算符。位运算复合赋值运算符如下：&=、|=、^=、~=、<<=、>>=。

例如，a&=b 等价于 a=a&b，a<<=2 等价于 a=a<<2。

关于位操作的一些注意事项：

(1) 位操作尽量使用 unsigned char，而不是 char，否则会混乱。例如：

```
char a=0x81;   putchar(a);
```

0x81 表示成二进制为 10000001，其首位是 1，会被认为是一个有符号的负数，结果输出错误。

例如：

```
unsigned char a=0x81; putchar(a);
```

首位依然是 1，但其类型明确表示是一个正数，结果会输出一个与 ASCII 值为 0x81 相对应的 ASCII 字符。

(2) 不同长度的数据进行位运算时，要注意最高位的意义。

如果参与运算的两个数据长度不同，则编译系统将二者按右端补齐。

例如，定义 a 为 char 型，b 为 int 型，如果 a 为正数，则会在左边补满 0；若 a 为负数，则左边补满 1；如果 a 为无符号整型，则左边会补满 0。

如果 a=0x00; b=0xffffffff; 执行 b&=a; 结果 b 为 0，其运算可表示如下：

```
因为 a 为正数，左边添 0，补齐为 00000000 00000000 00000000 00000000
b=00000000000000000000000000000000 & 11111111111111111111111111111111
= 00000000 00000000 00000000 00000000
```

如果 a=0xff; b=0xff0000000; 执行 b&=a;结果 b 为 0xf0000000，其运算可表示如下：

```
因为 a 为负数，左边添 1，补齐为 1111111 11111111 1111111 11111111
b=1111111 111111111111111 11111111 & 1111111 00000000 00000000 00000000
= 1111111 00000000 00000000 00000000
```

9.10　位　　段

信息的存取一般以字节为单位，实际上，有时存储一个信息不必用一个或多个字节。例如，"真"或"假"用 0 或 1 表示，只需 1 位即可。如果存储很多这样的信息，那么"被浪费"的内存空间是很可观的。

在计算机用于过程控制、参数检测或数据通信领域时，控制信息往往只占一个字节中的一个或几个二进制位，常常人为地将一个变量分为几部分，在一个字节中某几位赋值来存放几个信息，但这种方法太麻烦；或者使用"位段"的构造类型来定义一个压缩信息的结构。利用位段能够用较少的位数存储数据。

9.10.1　位段的定义

位段是 C 语言特有的数据结构，C 语言允许在一个结构体中以位为单位来指定其成员所占内存长度，这种以位为单位的成员称为"位段"或称"位域"(bit field)。

【例 9.19】　位段的定义：需要用到 5 个变量。假定其中三个用作标志，称为 f1、f2 和 f3；第四个称为 type，取值范围为 0～15。最后一个变量称为 index，取值范围为 0～511。

【分析】标志 f1、f2、f3 分别只需要 1 位。变量 type 只需要 4 位，而变量 index 只需要 9 位。总共是 16 位——2 个字节。用两个字节就够了，以前可能要设 5 个不同的变量。

【程序代码】

```
struct packed_data
{    unsigned int f1 :1;            //标志位
     unsigned int f2 :1;            //标志位
     unsigned int f3 :1;            //标志位
     unsigned int type :4;         //取值范围为 0～15
     unsigned int index :9;        //取值范围为 0～511
};
```

9.10.2　位段的应用

在完成位段类型说明后，进行变量的定义，对变量的各项成员分别引用，可以如引用一般的结构成员一样方便地引用；同时由于使用了更少的内存单元数，节省了存储空间。

【例 9.20】位段的应用。

【程序代码】

```
#include <stdio.h>
struct packed_data
{    unsigned int f1 :1;
     unsigned int f2 :1;
     unsigned int f3 :1;
```

```
    unsigned int type :4;
    unsigned int index :9;
}data;
void main()
{   data.f1=1;
    data.f2=0;
    data.f3=1;
    data.type=12;
    data.index=123;
    printf("%d,%d,%d,%d,%d\n",data.f1,data.f2,data.f3,data.type,data.index);
}
```

【运行结果】

```
1,0,1,12,123
```

【说明】位段变量的各成员分别引用，可以用整型格式符输出。

关于位段操作的一些注意事项：

(1) 位段成员的类型必须指定为 unsigned 或 int 类型。

(2) 可以定义无名位段。定义无名位段，可以使得一个字中的某些位被"跳过"。

【例 9.21】位段的应用。

```
struct    x_choose
{    unsigned int type :4;
     unsigned int :3;
     unsigned int count :9;
};
```

【说明】本例定义一个位段结构 x_choose，只包含两个位段变量 type 和 count，中间间隔 3 位。

(3) 若某一位段要从另一个字开始存放，可用以下形式定义：

```
unsigned    a:1;
unsigned    b:2;一个存储单元
unsigned     :0;
unsigned    c:3;另一存储单元
```

a、b、c 应连续存放在一个存储单元中，由于用了长度为 0 的位段，其作用是使下一个位段从下一个存储单元开始存放。因此，只将 a、b 存储在一个存储单元中，c 另存在下一个单元("存储单元"可能是一个字节，也可能是 2 个字节，视不同的编译系统而异)。

(4) 一个位段必须存储在同一存储单元中，不能跨两个单元。如果第一个单元空间不能容纳下一个位段，则该空间不用，而从下一个单元起存放该位段。

(5) 位段的长度不能大于存储单元的长度，也不能定义位段数组。

9.11　小　　结

1. 结构体类型

结构体是一种用户自定义的复杂数据类型，是将不同的数据项组织成一个整体来对待，它们在内存中各自占用不同的存储单元。这就使得结构体的构造非常灵活，可以解决许多实际问题。

2. 结构体变量

使用结构体类型进行变量的定义，结构体类型的定义是抽象的，结构体变量的定义是具体的。系统不为结构体类型分配存储空间，但为结构体变量分配空间，一个结构体变量所占字节数为其所有成员所占字节数之和。

3. 结构体成员的引用

结构体成员的引用有以下三种方式：(1)结构体变量名.成员名；(2)指针变量名->成员名；(3)(*指针变量名).成员名。其中，点(.)称为成员运算符，箭头(->)称为结构指向运算符。

4. 结构体成员的操作

不能对结构体变量进行整体操作(除了同类结构体变量可以相互赋值，等价于各成员分别赋值)，只能对结构体各成员分别操作，如赋值、比较、输入和输出操作，操作方式究其本质要依照各成员项的类型而定。

5. 共用体类型和共用体变量

共用体是一种用户自定义的复杂数据类型，共用体是将不同的数据项组织成一个整体来对待，它们在内存中占用同一段存储单元。与结构体的不同之处在于，共用体变量分配的空间是共用体变量所有成员中字节数最大的那一项，在任何时刻，只有其中一个成员有效。

6. 类型重定义

使用 typedef 为数据类型定义新的类型名称。类型重定义不是定义一个新的类型，只是将已有的类型重新定义一个新的名称。

7. 枚举

枚举类型是一种用户自定义的数据类型，是把可能的值全部一一列出。枚举变量的值只限于列举出来的值的范围内，既帮助程序的阅读，也能保证数据的正确。

8. 位运算符

C 语言提供了 6 种位运算符：按位求反(~)、按位左移(<<)、按位右移(>>)、按位与(&)、按位或(|)、按位异或(^)。位操作是将操作数转化为二进制的补码，再进行运算。要注意操

作数的长度和高位的符号位。

9. 位段

C 语言允许在一个结构体中以位为单位来指定其成员所占内存长度，这种以位为单位的成员称为"位段"。定义时与结构体类似，使用关键字 struct。利用位段能够用较少的位数存储数据，节省存储空间。位段成员的类型必须指定为 unsigned 或 int 类型。

9.12　习　　题

1. 设有结构体类型定义如下：

```
struct student
{   int num;      char name[20];    char sex;    int age;
} stu1,stu2[3],*stu3;
```

对 stu1 不正确的操作是(　　)。

A. stu1.sex=getchar();　　　　　　　B. stu1.age++;

C. printf("%d",stu1.num);　　　　　　D. stu1.name="WangYuan";

2. 见第 1 题，对 stu2 不正确的操作是(　　)。

A. stu2[0].sex='M';　　　　　　　　　B. stu2[1].age= stu2[0].age+2;

C. scanf("%d",stu2[2].num);　　　　　D. printf("%s",stu2[1].name);

3. 见第 1 题，对 stu3 正确的引用是(　　)。

A. stu3. num =1234;　　　　　　　　　B. stu3-> num =1234;

C. (*stu3). num=1234;　　　　　　　　D.*(stu3. num)=1234;

4. 设有如下说明：

```
typedef struct ST
{ long a;    int b;      char c[2];   } NEW;
```

下面叙述中正确的是(　　)。

A. 以上的说明形式非法　　　　B. ST 是一个结构体类型

C. NEW 是一个结构体类型　　　D. NEW 是一个结构体变量

5. 设有无符号短整型变量 i、j、k，其中 i 的值为 013，j 的值为 0x13，计算表达式 k=~i|j>>3 后 k 的值是 (　　)。

A. 06　　　　　B. 0177776　　　　C. 066　　　　D. 0177766

6. 有定义如下：

```
struct   node
{   int   data;
  struct   node  *next;
} *p;
```

以下语句调用 malloc 函数，使指针 p 指向一个具有 struct node 类型的动态存储空间，请填空。

```
p=(struct node *) malloc_____;
```

7. 设有如下枚举类型定义：

```
enum    language { English=6,French,Chinese=1,Japanese,Italian};
```

则枚举量 Italian 的值为_____。

8. 以下程序的输出结果是_____。

```
#include <stdio.h>
union myun
{    struct{ int    x, y, z; } u;
     int    k;
} a;
void main()
{    a.u.x=4; a.u.y=5; a.u.z=6;
     a.k=0;
     printf("%d\n",a.u.x);
}
```

9. 有以下程序，执行后的输出结果是_____。

```
#include <stdio.h>
#include <stdlib.h>
struct NODE
{    int num;
     struct NODE *next;
};
void main( )
{ struct NODE *p,*q,*r;
    int sum=0;
    p=(struct NODE *)malloc(sizeof(struct NODE));
    q=(struct NODE *)malloc(sizeof(struct NODE));
    r=(struct NODE *)malloc(sizeof(struct NODE));
    p->num=1;    q->num=2;    r->num=3;
    p->next=q;    q->next=r;    r->next=NULL;
    sum+=q->next->num;    sum+=p->num;
    printf("%d\n",sum);
}
```

10. 设二进制数 A 是 01101111，若想通过异或运算 A＾B 使 A 的高 4 位取反，低 4 位不变，则二进制数 B 应为_____。

11. 编程题：一个学生有学号、姓名、性别、3 门功课的成绩等属性，现有 5 个学生，分别用函数实现 5 个学生基本信息的输入、每个学生平均成绩的计算、总分最高分数所对应学生信息的输出。

第10章 文　　件

　　文件是程序设计中的一个重要概念，前面章节中所用到的输入和输出，都是以终端为对象，从终端键盘上输入数据，运行结果输出到屏幕终端，即把输入/输出字节流通过控制程序打开操作把流与设备联系起来，文件打开后，可以在程序和文件之间交换数据，完成字节流的转移。由于数据流的设备无关性，很容易通过流控制指令，实现数据的重定向。

　　在 C 语言编程中，常常把处理数据的程序(源文件)和要处理的数据(数据文件)故意分离开来，提高程序的方便性和实用性。例如，我们编写一个学生成绩管理程序(源文件)，提供了一个电信 1 班的学生成绩信息文件(数据文件)，那么这个程序的功能就是电信 1 班学生成绩管理程序；如果源程序不做任何改变，提供了一个计算机 3 班的学生成绩信息(数据文件)，那么这个程序可以对计算机 3 班学生成绩进行处理，成为计算机 3 班学生成绩管理程序，以此类推，当源文件不变，数据文件改变，就可以将这个源文件演变为一个通用的学生班级成绩管理程序。

　　计算机中大量数据的处理引用了流的概念，即对计算机所处理的数据加上了时间属性,这样就对计算机中有再现要求的数据提出了是否能通过一种方法来实现数据流的倒流。而计算机正是通过文件系统，在能永久保存的存储介质上保存这种数据流，通过文件方式实现上述要求。本章重点讲述数据文件。

本章应掌握的内容
- 文件基本概念：数据流、缓冲区、文件类型、文件存取方式
- 文件打开与关闭：fopen、fclose 函数
- 文本文件读写操作函数：fgetc、fputc、fgets、fputs、fscanf、fprintf 函数
- 二进制文件读写操作函数：fread、fwrite 函数
- 文件的定位函数：rewind、fseek、ftell 函数
- 文件检测函数：feof、ferror、clearerr 函数

10.1　文件概述

　　文件具有多样性，如存储在磁盘上的文件称为磁盘文件，与计算机相连的设备称为设备文件，以文本格式存放的是文本文件，以二进制存放的是二进制文件，存放程序的称为源文件，存放数据的称为数据文件等。因此，可以从不同的角度对文件进行分类。

　　数据文件是指一组相关数据的有序集合，存储在外部介质(如磁盘)上并用一文件名作为其文件的标志。在程序执行时，必须先调入内存。为了访问存放在外部介质上的数据，

当要读取数据文件时，每次都要读取磁盘上的数据文件；当要保存数据到文件时，也要每次都对磁盘上的数据文件写操作。这样会很费时，为了加速文件的存取效率，系统使用缓冲区进行数据的暂存，从文件中读取数据变成读取缓冲区的数据，输出数据到文件变成输出数据到缓冲区。

1. 文件的分类

(1) 从用户角度看，文件分为普通文件和设备文件两种。

普通文件指驻留在磁盘或其他外部介质上的一个有序数据集，可以是源文件、目标文件、可执行程序；也可以是一组待输入处理的原始数据，或者是一组输出的结果。源文件、目标文件、可执行程序可以称作程序文件，输入/输出数据可称作数据文件。

设备文件是指与主机相连的各种外部设备，如显示器、打印机、键盘等。在操作系统中，外部设备也可以看作是一个文件，它们的输入和输出等同于磁盘文件的读和写。一般情况下，显示器被指定为标准输出文件，向屏幕上显示有关信息就意味着向标准输出文件输出。键盘被指定为标准输入文件，从键盘上输入数据就意味着从标准输入文件输入。

(2) 从编码方式看，文件可分为 ASCII 码文件和二进制码文件两种。

ASCII 码文件也称为文本文件，在磁盘中存放时每个字符对应一个字节，用于存放对应的 ASCII 码字符。ASCII 码文件可直接在屏幕上按字符方式显示，可以读懂。例如，数 1234 的存储共占用 4 个字节，其形式如表 10-1 所示。

表 10-1 ASCII 码与字符对照

ASCII 码	00110000	00110001	00110010	00110011
字符	1	2	3	4

二进制文件是按二进制的编码方式来存放文件的。例如，数 1234 的二进制存储共占两个字节，其二进制形式为 00000001 01101010，二进制文件虽然也可在屏幕上显示，但其内容无法直接读懂。

C 系统在处理文件时，并不区分类型，均被看成是字符流，按字节进行处理。输入/输出字符流的开始和结束只由程序控制，而不受物理符号(如回车符)的控制。因此也把这种文件称作"流式文件"。

(3) 从存储介质看，文件可分为卡片文件、纸带文件、磁带文件、磁盘文件等。

(4) 从文件的内容看，可分为源程序、目标文件、数据文件等。

2. 缓冲区的设置

缓冲区是程序在执行时，系统为其所提供的额外内存，用来暂时存放准备执行的数据。它的设置是为了提高存取效率，因为内存的存取速度比磁盘驱动器快得多。

C 语言文件处理功能依据系统是否设置"缓冲区"分为两种：

(1) 不设置缓冲区的文件处理方式。必须使用较低级的 I/O 函数来直接对外设进行存取，这种方式的存取速度较慢，由于不能使用 C 的标准函数，跨平台操作时容易出问题。

(2) 设置缓冲区的文件处理方式。当使用标准 I/O 函数(包含在头文件 stdio.h 中)时，系统会自动设置缓冲区，通过数据流来读写文件。需要读文件操作时，不会直接从磁盘进行读取，而是先打开数据流，将磁盘上的文件信息复制到缓冲区内，然后程序再从缓冲区中读取所需数据，如图 10-1 所示。

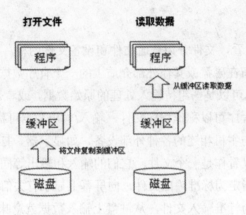

图 10-1　文件的读取流程

需要写文件操作时，系统也不会立即将数据写到存储介质中，而是先写入缓冲区，只有在缓冲区已满或"关闭文件"时，才会将数据写入到外存储介质，如图 10-2 所示。

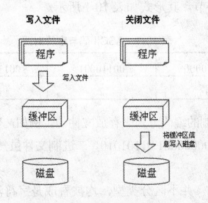

图 10-2　数据的输出操作流程

3. 文件存取方式

文件存取方式包括顺序存取方式和随机存取方式两种。

(1) 顺序存取就是在存取文件内容时按照字符的方式，从文件头开始读取文件的内容。保存数据时，将数据附加在文件的末尾。这种存取方式常用于文本文件，而被存取的文件则称为顺序文件。

这种方式操作简单，但在数据量很大或只想存取某些数据时，显得非常不方便。

(2) 随机存取会以一个完整的单位来进行数据的读取和写入，通常以结构为单位。这种存取方式常用于二进制文件，而被存取的文件则称为随机文件。这种方式访问速度快，存取操作灵活方便，但对文件读写位置需要准确确定。

10.2 文件类型指针

在缓冲文件系统中，针对每个被使用的文件在内存中开辟一个区域，用来存放文件的有关信息(如文件的名字、文件状态及文件当前位置等)，这些信息封装在一个文件结构体类型中，每个文件的信息被保存在一个文件结构体指针变量中。

文件结构体类型是由系统定义的，C 语言规定该类型为 FILE 型。其声明如下：

```
typedef struct
{
    short level;                    /*缓冲区"满"或"空"的程度*/
    unsigned flags;                 /*文件状态标志*/
    char fd;                        /*文件描述符*/
    unsigned char hold;             /*如无缓冲区不读取字符*/
    short bsize;                    /*缓冲区的大小*/
    unsigned char *buffer;          /*数据缓冲区的位置*/
    unsigned ar *curp;              /*指针，当前的指向*/
    unsigned istemp;                /*临时文件，指示器*/
    short token;                    /*用于有效性检查*/
}FILE;
```

可以引用文件结构体类型 FILE 来定义文件结构体类型变量，实现对文件的操作，文件指针变量由此而来。

定义文件指针变量的一般形式为：

FILE　*指针变量标识符;

其中，FILE 应为大写，指针变量标识符是一个指向 FILE 类型的指针变量，通过该结构体变量中的文件信息能够访问相对应的文件。

习惯上也可以笼统地把指针变量标识符称为"指向一个文件的指针"。

10.3 文件的打开与关闭

程序与数据的交互是以"流"的形式进行的，进行 C 语言数据文件的存取时，都会先进行"打开文件"操作，这个操作就是在打开数据流，而"关闭文件"操作就是关闭数据流。

"打开文件"操作实质是建立文件的各种有关信息，建立数据流与具体物理设备之间的关联，使文件指针指向该文件，以便于进行操作。

"关闭文件"操作实质是断开文件指针与文件之间的联系，也就是禁止再对该文件进行操作。

10.3.1　文件打开函数(fopen 函数)

标准 C 定义了输入/输出库中的 fopen 函数，用来打开一个文件。

函数调用的一般形式为：

　文件指针名=fopen(文件名,使用文件方式);

功能：打开一个文件。

其中，"文件指针名"必须为 FILE 类型的指针变量；"文件名"包含欲打开的文件路径及文件名，可以是字符串常量或字符串数组；"使用文件方式"代表着流形态，是字符串常量，指文件的类型和操作要求。

返回值：文件顺利打开后，指向该流的文件指针就会被返回。如果文件打开失败，则返回 NULL。

文件的使用方式共有 12 种，其符号和意义如表 10-2 所示。

表 10-2　文件使用方式

文件使用方式	意　　义
r/rb	为输入打开一个文本/二进制文件，只允许读数据
w/wb	为输出打开或建立一个文本/二进制文件；若为打开文件，则原文件内容全部消失；只允许写数据
a/ab	向文本/二进制文件尾追加数据；若文件不存在，则建立新文件；在文件末尾写数据
r+/rb+	为读/写打开一个文本/二进制文件，文件不存在，返回 NULL；读、写从起始位置开始，写时用覆盖方式
w+/wb+	为读/写建立一个新的文本/二进制文件，可进行读和写操作，可通过位置函数定位
a+/ab+	为读/写打开或建立一个文本/二进制文件；起始位置可从开始或函数设定

对于文件使用方式有以下几点说明：

(1) r 打开可读文件，该文件必须已经存在，且只能从该文件读出。

(2) w 打开可写文件，若打开的文件不存在，则以指定的文件名建立该文件；若打开的文件已经存在，则将该文件删去，重建一个新文件。

(3) a 以附加的方式打开只写文件。若文件不存在，则会建立该文件，如果文件存在，写入的数据会被加到文件尾，即文件原先的内容会被保留。

(4) r+以可读写方式打开文件，该文件必须存在。

(5) w+打开可读写文件，若文件存在，则文件长度清 0，即该文件内容会消失。若文件不存在，则建立该文件。

(6) a+以附加方式打开可读写的文件。若文件不存在，则会建立该文件，如果文件存在，写入的数据会被加到文件尾后，即文件原先的内容会被保留。

(7) 上述的"使用文件方式"后面都可以再加一个 b 字符，如 rb、wb 或 ab 等，用来告诉函数库以二进制模式打开文件。如果不加 b，表示以文本模式打开文件。

对于文件打开操作有以下几点说明：

(1) 在打开一个文件时，如果出错，fopen 将返回一个空指针值 NULL。在程序中可以用这一信息来判别是否完成打开文件的操作，并做相应的处理。通常打开文件的方法是：

```
FILE *文件指针变量;
文件指针变量=fopen("文件名","文件使用方式");
if(文件指针变量==NULL)
{    printf("出错提示信息");
     exit(1);
}
```

其中，exit()函数在 stdlib.h 中定义。其功能是终止程序的执行，参数给返回值，通常零值表示正常结束，非零值表示应错误返回。例如：

```
FILE *fp;
fp= fopen ("file1.txt ","r");
```

【说明】该实例是在当前目录下打开当前路径下的文件 file1.txt，只允许进行"读"操作，并使文件指针 fp 指向该文件，该操作建立了文件指针与数据文件的关联，但这样的操作未必完全正确，如果不能正常打开文件，无法做出判断和处理。例如：

```
if((fp=fopen("c:\\abc.bin","rb")==NULL)
{    printf(" open file error\n ");          //提示出错信息
     exit(1);                                //退出程序运行
}
```

【说明】该实例是打开 C 盘根目录下的 abc.bin 文件，如果不能正常打开文件，会给出提示信息 open file error。当打开文件出错时，函数 fopen 会返回一个空指针 NULL，出错原因可能是以 rb 方式打开一个不存在的文件，或者是磁盘已满等。

(2) 标准输入文件(键盘)、标准输出文件(显示器)、标准出错输出(出错信息)是由系统打开的，可直接使用。

10.3.2　文件关闭函数(fclose 函数)

文件一旦使用完毕，应用关闭文件函数把文件关闭，以避免文件被误操作，出现数据丢失等错误。使用 fclose 函数就可以把缓冲区内最后剩余的数据输出到磁盘文件中，并释放文件指针和有关的缓冲区。

函数调用的一般形式为：

```
fclose(文件指针);
```

功能：关闭文件。

返回值：正常完成流时，fclose 函数返回 0，否则返回 EOF(-1)。

例如：

```
fclose(fp);
```

10.4　文件的读写

文件的读和写是最常用的文件操作。在 C 语言中提供了多种文件读写函数，在文件被打开之后，就可以根据文件存取方式，通过文件的读写函数实现对文件操作。以下函数都在头文件 stdio.h 中定义。

10.4.1　字符读写函数 fgetc 和 fputc

字符读写函数是以字符(字节)为单位对文件进行读写操作，即每次可从文件读入或向文件写入一个字符。

1. 读字符函数 fgetc

函数调用的一般形式为：

```
字符变量=fgetc(文件指针);
```

功能：从指定的文件中读取一个字符。

返回值：若读到文件尾而无数据时便返回 EOF(-1)，否则会返回读取到的字符。因此若函数返回 EOF(-1)，以此可以作为判断文件结束的标志。

例如：

```
ch=fgetc(fp);
```

使用 fgetc 函数的注意事项有如下几条：

(1) 在 fgetc 函数调用中，读取的文件必须是以读或读写方式打开的。

(2) 读取字符的结果也可以不向字符变量赋值，例如 fgetc(fp);，对于该语句，其读出的字符没有保存。

(3) 在文件内部有一个位置指针，用来指向文件的当前读写字节。在文件打开时，该指针总是指向文件的第一个字节。使用 fgetc 函数后，该位置指针将向后移动一个字节，因此可连续多次使用 fgetc 函数，顺序读取多个字符。

(4) 注意文件指针和文件内部的位置指针是完全不同的两个指针。文件指针是指向整个文件，须在程序中定义说明，只要不重新赋值，文件指针的值是不变的。文件内部的位置指针用以指示文件内部当前读写位置，每读写一次，该指针均向后移动，是由系统自动设置的，不需在程序中定义说明。

【例 10.1】读文件 e:\\temp\\data1.txt 内容，并在屏幕上显示出来。

```
#include<stdio.h>
#include<stdlib.h>
#include<conio.h>
```

```
int main()
{ FILE *fp;
    char ch;
    if((fp=fopen("e:\\temp\\data1.txt","rt"))==NULL)
        {
            printf("\n Cannot open file strike any key exit!");
            getch();
            exit(1);
        }
    ch=fgetc(fp);
    while(ch!=EOF)
    {
        putchar(ch);
        ch=fgetc(fp);
    }
    fclose(fp);
return 0;
}
```

【运行结果】

abcdefg 12345

【说明】在文件 data1.txt 中，保存的内容为 abcdefg 12345。本例程序的功能是从所打开的文件中逐个读取字符，并在屏幕上显示。程序定义了文件指针 fp，以读文本方式打开文件 e:\\temp\\data1.txt，使 fp 指向该文件。如果打开文件出错，给出提示并退出程序。打开成功，程序先读出一个字符，然后进入循环，只要读出的字符不是文件结束标志，就把该字符显示在屏幕上，再读入下一字符。每读一次，文件内部的位置指针向后移动一个字符，文件结束时，该指针指向 EOF。执行本程序后将整个文件内容显示在屏幕上。

2. 写字符函数 fputc

函数调用的一般形式为：

fputc(字符变量,文件指针);

功能：把一个字符写入指定的文件中。

返回值：若成功则返回写入的字符，否则返回 EOF(-1)。

例如：

fputc('a',fp);   //把字符常量 a 写入 fp 所指向的文件中

使用 fputc 函数的注意事项：

(1) 被写入的文件可以用写、读写或追加方式打开。

(2) 每写入一个字符，文件内部位置指针向后移动一个字节。

【例 10.2】从键盘输入一行字符，写入一个文件中，再把该文件内容读出显示在屏幕上。

```c
#include<stdio.h>
#include<stdlib.h>
#include<conio.h>
int main()
{ FILE *fp;
  char ch;
  if((fp=fopen("e:\\temp\\string.txt","wt+"))==NULL)
  {
    printf("Cannot open file strike any key exit!");
    getch();
    exit(1);
  }
  printf("input a string:\n");
  ch=getchar();
  while (ch!='\n')
  {
    fputc(ch,fp);
    ch=getchar();
  }
  rewind(fp);
  ch=fgetc(fp);
  while(ch!=EOF)
  {
    putchar(ch);
    ch=fgetc(fp);
  }
  printf("\n");
  fclose(fp);
  return 0;
}
```

【运行结果】

```
input a string:
abcdefghijklmn
abcdefghijklmn
```

【说明】程序以读写文本文件方式打开文件 string.txt。对文件打开正常判断后，先从键盘读入一个字符，然后进入循环，当读入字符不为回车符时，则把该字符写入文件中，然后继续从键盘读入下一字符。每输入一个字符，文件内部位置指针向后移动一个字节。写入完毕，文件内部位置指针指向文件末。rewind 函数用于把 fp 所指文件的内部位置指针移到文件头。再将文件从头开始读入，并在屏幕上显示其文件的内容。

10.4.2　字符串读写函数 fgets 和 fputs

1. 读字符串函数 fgets

函数调用的一般形式为：

```
fgets(字符数组名,n,文件指针);
```

功能：从指定的文件中读一个字符串并存到字符数组中。

返回值：若成功，则返回的是其字符数组的首地址，否则返回 NULL，表示有错误发生。

例如：fgets(str,n,fp);

使用 fgets 函数的注意事项：

(1) 在读出 n-1 个字符之前，如遇到了换行符或读到文件尾或是已读了 n-1 个字符，则读出结束。

(2) fgets 函数从文件中读出的字符串长度不超过 n-1 个字符，并在读入的最后一个字符后加上串结束标志'\0'。

【例 10.3】从上例 string.txt 文件中读入一个含 10 个字符的字符串。

```c
#include<stdlib.h>
#include<conio.h>
#include<stdio.h>
int main()
{
    FILE *fp;
    char str[11];
    if((fp=fopen("e:\\temp\\string.txt","rt"))==NULL)
    {
        printf("d:\nCannot open file strike any key exit!");
        getch();
        exit(1);
    }
    fgets(str,11,fp);
    printf("\n%s\n",str);
    fclose(fp);
    return 0;
}
```

【运行结果】

```
abcdefghij
```

【说明】本例程定义了一个字符数组 str 共 11 个字节，在以读文本文件方式打开文件 string.txt 后，从中读出 10 个字符送入 str 数组，并在数组最后一个单元内加上'\0'，然后在屏幕上显示输出 str 数组。输出的 10 个字符正是例 10.2 程序的前 10 个字符。

2. 写字符串函数 fputs

函数调用的一般形式为：

> fputs(字符串,文件指针);

功能：向指定的文件写入一个字符串。其中字符串可以是字符串常量，也可以是字符数组名或指针变量。

返回值：若成功，则返回写出的字符个数，否则返回 EOF。

例如，fputs("abcd",fp);语句是把字符串 abcd 写入 fp 所指的文件中。

【例 10.4】在例 10.2 中建立的文件 string.txt 中追加一个字符串。

```c
#include<stdlib.h>
#include<conio.h>
#include<stdio.h>
int main()
{
    FILE *fp;
    char ch,st[20];
    if((fp=fopen("e:\\temp\\string.txt","at+"))==NULL)
    {
        printf("Cannot open file strike any key exit!");
        getch();
        exit(1);
    }
    printf("input a string:\n");
    scanf("%s",st);
    fputs(st,fp);
    rewind(fp);
    ch=fgetc(fp);
    while(ch!=EOF)
    {
        putchar(ch);
        ch=fgetc(fp);
    }
    printf("\n");
    fclose(fp);
    return 0;
}
```

【运行结果】

```
input a string:
123456
abcdefghijklmn123456
```

【说明】本例要求在 string.txt 文件末加写从键盘输入的字符串，在程序中以追加读写文本文件的方式打开文件 string.txt，然后输入字符串，并用 fputs 函数把该串写入文件 string.txt，用 rewind 函数把文件内部位置指针移到文件首，再进入循环逐个显示当前文件中的全部内容。

10.4.3　数据块读写函数 fread 和 fwrite

C 语言提供了整块数据的读写函数，用来读写一组数据，可以是一个数组元素、一个结构变量的值等。

函数调用的一般形式为：

```
fread(buffer,size,count,fp);
fwrite(buffer,size,count,fp);
```

其中，

- buffer：是一个指针，在 fread 函数中，表示存放输入数据的首地址。在 fwrite 函数中，表示存放输出数据的首地址。
- size：表示数据块的字节数，每次读写操作的数据块大小。
- count：表示要读写的数据块块数。
- fp：表示为已打开的文件指针。

实际读写数据块字节数的大小由 size* count 决定。

功能：fread()用来从文件流中读一个数据块，fwrite()用来向文件流中写一个数据块。

返回值：会返回实际读取或写入的字节数，若返回的值比 size* count 小，则可能读到了文件尾或有错误发生，这时必须用 feof()或 ferror()来决定发生什么情况。

例如：

```
float a[10];
fread(a,4,5,fp);
```

其意义为：从 fp 所指的文件中，每次读 4 个字节(一个实数)送入实数数组 a 中，连续读 5 次，即读 5 个实数到数组 a 中。

fread 与 fwrite 一般用于二进制文件的输入/输出。

【例 10.5】从键盘输入两个学生数据，写入一个文件中(e 盘 temp 文件夹，stu_list.bin 为文件名)，再从该文件中读出这两个学生的数据显示在屏幕上。

```
#include<stdio.h>
#include<stdlib.h>
#include<conio.h>
struct stu                          //定义结构体类型
{
    char name[10];
    int num;
```

```
    int age;
    char addr[15];
}boy1[2],boy2[2],*p,*q;              //定义结构体类型变量
int main()
{
    FILE *fp;
    char ch;
    int i;
    p=boy1;
    q=boy2;
    if((fp=fopen("e:\\temp\\stu_list.bin","wb+"))==NULL) //打开文件进行合法性检验
    {
        printf("Cannot open file strike any key exit!");
        getch();
        exit(1);
    }
    printf("\ninput data：\n");            //输入 2 个学生的基本信息
    for(i=0;i<2;i++,p++)
        scanf("%s%d%d%s",p->name,&p->num,&p->age,p->addr);
    p=boy1;
    fwrite(p,sizeof(struct stu),2,fp);      //写数据块

    rewind(fp);
    fread(q,sizeof(struct stu),2,fp);       //读数据块

    printf("\nname\tnumber      age        addr\n"); //输出 2 个学生的基本信息
    for(i=0;i<2;i++,q++)
        printf("%s\t%5d%7d      %s\n",q->name,q->num,q->age,q->addr);
    fclose(fp);
    return 0;
}
```

【运行结果】

```
input data：
zhang 1001 21 aaa
liu 1002 20 bbb


name        number      age        addr
zhang       1001        21         aaa
liu         1002        20         bbb
```

【说明】本例中，程序定义了一个结构 stu，说明了两个结构数组 boy1 和 boy2，两个结构指针变量 p 和 q，p 指向 boy1，q 指向 boy2。程序以读写方式打开二进制文件 stu_list.bin，输入两个学生数据之后，调用 fwrite 函数，将数据块写入该文件中；把文件内部位置指针

移到文件首，调用 fread 函数读出两个学生数据块，按规定控制格式在屏幕上显示。

10.4.4 格式化读写函数 fscanf 和 fprintf

fscanf 函数、fprintf 函数与前面使用的 scanf 和 printf 函数的功能相似，都可以通过格式控制字符来实现格式化读写。两者的区别在于 scanf 函数和 printf 函数的读写对象是系统标准输入/输出端口(即键盘和显示器)，fscanf 函数和 fprintf 函数的读写对象是磁盘文件。

函数调用的一般形式为：

```
fscanf(文件指针,格式字符串,输入表列);
fprintf(文件指针,格式字符串,输出表列);
```

功能：fscanf 函数从一个流中执行格式化输入，遇到空格和换行时结束；fprintf 函数是传送输出到一个流中。

返回值：当能正常读入数据时，fscanf 返回读入数据的字节数，否则返回 EOF；当能正常输出数据时，fprintf 函数返回输出数据的字节数，否则返回 EOF。

例如：

```
fscanf(fp,"%d%s",&i,s);
```

对文件指针 fp 所指向的文件，以格式%d%s 的形式读取整数和字符串，保存在变量 i 和字符数组 s 中。

```
fprintf(fp,"%d%c",j,ch);
```

以格式%d%c 的形式将变量 j 和字符数组 ch 中内容写入文件指针 fp 所指向的文件中。

使用格式化读写函数的注意事项：

(1) 用格式化读写函数对文件的操作，都是基于 ASCII 格式来进行，因而用 fprintf 和 fscanf 函数对磁盘文件读写，在输入时要将 ASCII 码转换为二进制，在输出时又要将二进制形式转换成字符，会花费较多的时间。

(2) 运用 fprintf 与 fscanf 在向文件输出数据及从文件读取数据时，分隔符应该一致。

(3) 随着每次数据的读取，文件位置指针都做相应的移动。

【例 10.6】用 fscanf 和 fprintf 函数解决例 10.5 的问题。

```
#include<stdio.h>
#include<stdlib.h>
#include<conio.h>
struct stu
{
  char name[10];
  int num;
  int age;
  char addr[15];
}boy1[2],boy2[2],*p,*q;
```

```c
int main()
{
    FILE *fp;
    char ch;
    int i;
    p=boy1;
    q=boy2;
    if((fp=fopen("stu_list","wb+"))==NULL)
    {
        printf("Cannot open file strike any key exit!");
        getch();
        exit(1);
    }
    printf("\ninput data：\n");
    for(i=0;i<2;i++,p++)
        scanf("%s%d%d%s",p->name,&p->num,&p->age,p->addr);
    p=boy1;
    for(i=0;i<2;i++,p++)
        fprintf(fp,"%s %d %d %s\n",p->name,p->num,p->age,p->addr);
    rewind(fp);
    for(i=0;i<2;i++,q++)
        fscanf(fp,"%s %d %d %s\n",q->name,&q->num,&q->age,q->addr);
    printf("\nname\tnumber        age          addr\n");
    q=boy2;
    for(i=0;i<2;i++,q++)
        printf("%s\t%5d   %7d          %s\n",q->name,q->num, q->age, q->addr);
    fclose(fp);
    return 0;
}
```

【运行结果】

```
input data：
wang 1001 21 aaa
wei 1002 22 bbb


name        number      age        addr
wang        1001        21         aaa
wei         1002        22         bbb
```

【说明】与例 10.5 相比较，由于 fscanf 和 fprintf 函数每次只能读写一个结构数组元素，因此本例需要采用循环语句来读写全部数组元素。其指针变量 p、q 由于循环操作中改变了它们的值，因此在程序再次从头开始使用它们时，要分别对它们重新赋予数组的首地址。

10.5　文件的定位

前面的函数对文件的读写操作都是顺序进行的，即读写文件只能从头开始，顺序读写各个数据。在实际问题中，常常要求只读写文件中某一指定部分的内容。为了解决这个问题，可移动文件内部的位置指针到需要读写的位置，这种读写方式称为随机读写。实现随机读写的关键是要按要求移动位置指针，称为文件的定位。

10.5.1　文件定位函数

移动文件内部位置指针的函数主要有两个，即 rewind 函数和 fseek 函数。

函数调用的一般形式为：

rewind(文件指针);

功能：将文件内部的位置指针重新指向一个流(数据/文件)的开头。

返回值：无。

fseek 函数能按要求来移动文件内部位置指针，其调用形式为：

fseek(文件指针,位移量,起始点);

其中："文件指针"指被操作的文件；"位移量"表示移动的字节数，并要求位移量是 long 型数据，以便在文件长度大于 64KB 时不会出错。当用常量表示位移量时，要求加后缀 L。

"起始点"表示从何处开始计算位移量，规定的起始点有三种：文件首、当前位置和文件尾。其表示方法如表 10-3 所示。

表 10-3　文件起始位置定义说明

起　始　点	表　示　符　号	数　字　表　示
文件首	SEEK_SET	0
当前位置	SEEK_CUR	1
文件尾	SEEK_END	2

功能：用来设定文件的当前读写位置，重定位流上的文件内部位置指针。

返回值：成功返回 0，失败返回-1，并设置 errno 的值，可以用 perror()函数输出错误。

例如：fseek(fp,100L,0);

其意义是把位置指针移到距文件首 100 个字节处。

使用 fseek 函数的注意事项：

(1) fseek 函数一般用于二进制文件。其应用于文本文件时要进行转换，故容易出现位置错误。

(2) fseek 函数在应用时，起始位置为文件首，位移量不能为负值；起始位置为文件尾，位移量不能为正值，否则会超出文件的有效范围。

10.5.2　文件的随机读写

在移动位置指针之后，原则上可用前面介绍的任一种读写函数进行读写。但由于一般是读写一个数据块，因此常用 fread 和 fwrite 函数以二进制方式来实现。

【例 10.7】输入三组学生信息以二进制的方式，存放在 d 盘根目录下命名为 stu_list.bin，读取该数据文件将第二个学生的信息输出。

```c
#include<stdio.h>
#include<conio.h>
#include<stdlib.h>
struct stu
{ char name[10];
  int num;
  int age;
  char addr[15];
}boy1[3],boy2,*p,*q;
int main()
{ FILE *fp;
  char ch;
  int j=1,i;
  p=boy1;
  q=&boy2;
  /*以写的方式打开 d 盘根目录下的文件 stu_list.bin */
  if((fp=fopen("d:\\stu_list.bin ","wb"))==NULL)
  {
    printf("Cannot open file strike any key exit!");
    getch();
    exit(1);
  }
  /*将输入的数据保存到打开的文件中*/
  printf("请按姓名、学号、年龄、地址的顺序输入学生信息：\n");
  for(i=0;i<3;i++,p++)
  { scanf("%s%d%d%s",p->name,&p->num,&p->age,p->addr);
    fwrite(p,sizeof(struct stu),1,fp);
  }
  fclose(fp);
  /*以读的方式打开刚才保存的文件*/
  if((fp=fopen("d: \ \stu_list.bin ","rb"))==NULL)
  {
    printf("Cannot open file strike any key exit!");
```

```
        getch();
        exit(1);
    }
    fseek(fp,j*sizeof(struct stu),0);          //定位到文件的第二组信息处，j=1
    fread(&boy2,sizeof(struct stu),1,fp);    //读第二组信息
    /*在屏幕上显示第二组信息*/
    printf("\nname\tnumber      age          addr\n");
    printf("%s\t%5d   %7d           %s\n",q->name,q->num,q->age, q->addr);
    fclose(fp);
    return 0;
}
```

【运行结果】

```
请按姓名、学号、年龄、地址的顺序输入学生信息：
wang 1001 21 aaa
wei 1002 22 bbb
hu 1003 20 ccc


name        number       age        addr
wei         1002         22         bbb
```

【说明】本例中，定义 boy1[3]为 stu 类型数组，p 为指向 boy1 的指针，用于保存三组学生的信息；boy2 为 stu 类型变量，q 为指向 boy2 变量的指针。通过键盘输入三组学生信息，以二进制的格式存入文件 stu_list 中。用随机读出的方法读出第二个学生的数据，以读二进制文件方式打开文件，通过移动文件位置指针来定位所读取信息的位置。其中的 j 值为 1，表示从文件头开始，移动一个 stu 类型的长度，然后再读出的数据即为第二个学生的数据。在数据操作过程中，注意先用写的方式打开文件，操作完成后，一定要关闭文件；再以读的方式打开文件，操作完成后关闭文件。不执行文件关闭指令，将会出现数据错误。

10.5.3　文件位置确定

函数 ftell() 用于得到文件位置指针当前位置相对于文件首的偏移字节数。在随机方式存取文件时，由于文件位置频繁地前后移动，程序不容易确定文件的当前位置。使用 fseek 函数后再调用函数 ftell()就能非常容易地确定文件的当前位置。

函数调用的一般形式为：

ftell (文件指针);

功能：得到流式文件的当前读写位置。

返回值：当前读写位置偏离文件头部的字节数。

【例 10.8】对磁盘上已经存在的文件通过键盘输入其路径和文件名，求取其文件长度例如，查看 e 盘上 temp 文件夹下的 t2.bmp 文件的长度。

```
#include <stdio.h>
int   main()
 {
 FILE *fp;
     char filename[80];
     long length;
     printf("请输入文件名：");
     gets(filename);
     fp=fopen(filename,"rb");
     if(fp==NULL)
        printf("file not found!\n");
      else
       { fseek(fp,0L,SEEK_END);
         length=ftell(fp);
         printf("Length of File is %1d bytes\n",length);
         fclose(fp);
       }
 }
```

【运行结果】

请输入文件名：e:\\temp\\t2.bmp
文件长度为 1040822 字节!

10.6　文件检测函数

文件检测函数常被用来完成对文件状态的测试，以决定对文件正确的存取操作。C 语言中常用的文件检测函数有以下几个。

10.6.1　文件结束检测函数

函数调用的一般形式为：

feof(文件指针);

功能：测试文件的位置指针是否处于文件结束位置。

返回值：如果有错误内容产生或者已到达文件结束的位置[EOF]，那么返回 True，否则将返回 False。

【例 10.9】对磁盘上的文件 d:\\data1.txt 进行复制，另存为 e:\\data2.txt。

```
#include <stdio.h>
int   main()
 {
```

```
    FILE *in,*out;
    in=fopen("d:\\data1.txt","r");
    out=fopen("e:\\data2.txt","w");
    ch=fgetc(in);
    while(!feof(in))
    {
        fputc(ch,out);
        ch=fgetc(in);
    }
    fclose(in);
    fclose(out);
}
```

【说明】利用 fgetc 函数从文件 1 中逐个读入字符，文件位置指针会自动向后移一位，利用 feof()判断是否处于文件结束位置，若不是，!feof()为 1，会执行循环体，fputc 函数将把字符写入到文件 2 中，再读下一个字符，这个过程一直持续到直至文件位置指针移到文件结束位置，!feof()为 0，循环结束，此时实现了一个文件的复制。

10.6.2 读写文件出错检测函数

在调用各种输入/输出函数(如 fputc、fgetc、fread、fwrite 等)时，如果出现错误，除了函数返回值有所反映外，还可以用 ferror 函数进行读写文件出错检测。

函数调用的一般形式为：

ferror(文件指针);

功能：检查文件在用各种输入/输出函数进行读写时是否出错。

返回值：为 0 表示未出错，否则表示有错。

10.6.3 文件出错标志和文件结束标志清除函数

C 系统对出现的错误标志一直保留，直到对同一文件调用 clearerr 函数或 rewind 函数或任何其他一个输入/输出函数为止。一般调用 clearerr 函数重置错误标志。

函数调用的一般形式为：

clearerr(文件指针);

功能：用于清除出错标志和文件结束标志，使它们的值为 0。

10.7 文件输入/输出小结

本节对输入/输出函数作概括性小结，如表 10-4 所示，以便于在文件操作时灵活应用。

表 10-4 常用缓冲文件系统函数

分 类	函 数 名	功 能
打开文件	fopen()	打开文件
关闭文件	fclose()	关闭已打开的文件
定位文件	fseek()	改变文件位置指针的位置
	rewind()	置文件位置指针到文件头
	ftell()	返回文件位置指针的当前值
文件读写	fgetc()、getc()	从指定文件取得一个字符
	fputc()、0putc()	把字符输出到指定文件
	fgets()	从指定文件读取字符串
	fputs()	把字符串输出到指定文件
	fread()	从指定文件中读取数据项
	fwrite()	把数据项写到指定文件中
	fscanf()	从指定文件按格式输入数据
	fprintf()	按指定格式将数据写到指定文件中
文件状态	feof()	若到文件尾，函数返回"真"
	ferror()	文件操作出错，函数返回"真"
	clearerr()	使 feof()和 ferror()函数值置"0"

10.8 小　结

1. 文件

文件名=主文件名+扩展名
C 系统把文件当作一个"流"，按字节进行处理。
C 文件按编码方式分为二进制文件和 ASCII 文件。

2. 文件指针

FILE *指针变量名;
C 语言中，用文件指针标示文件，当一个文件被打开时，可取得该文件指针。
文件在读写之前必须打开，读写结束必须关闭。

3. 文件的基本操作

(1) 读：从文件中输入数据给程序中的变量。
(2) 写：将变量中的数据输出到文件中。

　　文件可按只读、只写、读写、追加四种操作方式打开,同时还必须指定文件的类型是二进制文件还是文本文件。

　　文件可按字节、字符串、数据块为单位读写,文件也可按指定的格式进行读写。

4. 文件的基本操作函数

(1) 打开文件

fopen(文件名, 文件使用方式);

(2) 关闭文件

fclose (文件指针);

(3) 判断文件结束

feof (文件指针);

(4) 设置文件的位置

fseek (文件指针, 位移量, 移动起始点);

(5) 获得文件当前的位置

ftell (文件指针);

(6) 将文件指针定位在文件头

rewind (文件指针);

(7) 文件的读操作:从文件中输入数据给程序中的变量

变量=getc (文件指针);
fscanf (文件指针, 格式控制字符串, 输入项表);

(8) 文件的写操作:将变量中的数据输出到文件中

putc (文件指针);
fprintf (文件指针, 格式控制字符串, 输出项表);

(9) 读写字符串

fgets (字符串首地址, 长度, 文件指针);
fputs (字符串首地址, 文件指针);

(10) 读写二进制文件

fread(buffer,size,count,fp);
fwrite(buffer,size,count,fp);

10.9　习　　题

1. 以下叙述中错误的是(　　)。

    A. C 语言中对二进制文件的访问速度比文本文件快

    B. C 语言中，随机文件以二进制代码形式存储数据

    C. 语句　FILE　fp; 定义了一个名为 fp 的文件指针

    D. C 语言中的文本文件以 ASCII 码形式存储数据

2. C 语言中可处理的文件类型是(　　)。

    A. 文本文件和数据文件　　　　　　B. 文本文件和二进制文件

    C. 数据文件和二进制文件　　　　　D. 数据代码文件

3. 在 C 程序中，可把整型数以二进制形式存放到文件中的函数是_____。

4. 在 C 语言中，fclose()函数返回_____时，表示关闭不成功。

5. 执行下列程序后，test.txt 文件的内容是(若文件能正确打开)_____。

```
#include<stdio.h>
void    main()
{
    FILE *fp;
    char    *s1="Fortran", *s2="Basic";
    if((fp=fopen("test.txt","wb"))==NULL)
    {
        printf("Cannot open file strike any key exit!");
        exit(1);
    }
    fwrite(s1,7,1,fp);           //把从地址 s1 开始的 7 个字符写到 fp 所指的文件中
    fseek(fp,0L,SEEK_SET);       //文件位置指针移到文件头
    fwrite(s2,5,1,fp);
    fclose(fp);
}
```

6. 从键盘输入一行字符，写入一个文件，再把该文件内容读出显示在屏幕上。

附 录

附录 A ISO/ANSI C90(C99)标准关键字

ISO/ANSI C90(C99) 标准关键字如表 A-1 所示。

表 A-1 ISO/ANSI C90(C99) 标准关键字

auto	enum	restrict	unsigned
break	extern	return	void
case	float	short	volatile
char	for	signed	while
const	goto	sizeof	_Bool
continue	if	static	_Complex
default	inline	struct	_Imaginary
do	int	switch	
double	long	typedef	
else	register	union	

说明:

(1) ANSI C(C89 或 C90)。1989 年,美国国家标准局(ANSI)颁布了第一个官方的 C 语言标准(X3.159-1989),简称为 ANSI C 或 C89;1990 年,它被国际标准化组织(ISO)采纳国际标准(ISO/IEC9899:1990),简称为 C90。这个标准是目前广泛使用并完全支持的。

(2) C99。1999 年,ISO/ANSI 又推出了新的标准(ISO9899:1999),简称 C99。这个标准目前支持的可能还不太全面。

(3) C99 新增的数据类型:_Bool、_Complex、_Imaginary。

附录 B 标准 ASCII 码与扩展 ASCII 码对照表

美国标准信息交换代码(American Standard Code for Information Interchange,ASCII 码)是由美国国家标准学会(American National Standard Institute,ANSI)制定的,标准的单字节字符编码方案,用于基于文本的数据。ASCII 码使用指定的 7 位或 8 位二进制数组合来表示 128 或 256 种可能的字符。

1. 标准 ASCII 码对照表

在标准 ASCII 中，用指定的 7 位二进制数组合来表示前 128 种可能的字符，其最高位 (b7)用作奇偶校验位。其中，0～31 及 127(共 33 个)是控制字符或通信专用字符，32～126 为可显示字符(共 95 个)。标准 ASCII 码对照表如表 B-1 所示。

表 B-1　标准 ASCII 码对照表

ASCII 值	控制字符	ASCII 值	字符	ASCII 值	字符	ASCII 值	字符
0	NUL(null)	32	(space)	64	@	96	`
1	SOH(start of headline)	33	!	65	A	97	a
2	STX(start of text)	34	"	66	B	98	b
3	ETX(end of text)	35	#	67	C	99	c
4	EOT(end of transmission)	36	$	68	D	100	d
5	ENQ(enquiry)	37	%	69	E	101	e
6	ACK(acknowledge)	38	&	70	F	102	f
7	BEL(bell)	39	'	71	G	103	g
8	BS(backspace)	40	(	72	H	104	h
9	HT(horizontal tab)	41	)	73	I	105	i
10	LF(line feed)	42	*	74	J	106	j
11	VT(vertical tab)	43	+	75	K	107	k
12	FF(form feed)	44	,	76	L	108	l
13	CR(carriage return)	45	-	77	M	109	m
14	SO(shift out)	46	.	78	N	110	n
15	SI(shift in)	47	/	79	O	111	o
16	DLE(data link escape)	48	0	80	P	112	p
17	DC1(device control 1)	49	1	81	Q	113	q
18	DC2(device control 2)	50	2	82	R	114	r
19	DC3(device control 3)	51	3	83	S	115	s
20	DC4(device control 4)	52	4	84	T	116	t
21	NAK(negative acknowledge)	53	5	85	U	117	u
22	SYN(synchronous idle)	54	6	86	V	118	v
23	ETB(end of trans. block)	55	7	87	W	119	w

(续表)

ASCII 值	控制字符	ASCII 值	字符	ASCII 值	字符	ASCII 值	字符
24	CAN(cancel)	56	8	88	X	120	x
25	EM(end of medium)	57	9	89	Y	121	y
26	SUB(substitute)	58	:	90	Z	122	z
27	ESC(escape)	59	;	91	[	123	{
28	FS(file separator)	60	<	92	\	124		
29	GS(group separator)	61	=	93	]	125	}
30	RS(record separator)	62	>	94	^	126	~
31	US(unit separator)	63	?	95	—	127	DEL

2. 扩展 ASCII 码对照表

扩展 ASCII 码允许将每个字符的第 8 位用于确定附加的 128 个特殊符号字符、外来语字母和图形符号。目前许多基于 x86 的系统都支持使用扩展(或"高")ASCII，如表 B-2 所示。

表 B-2　扩展 ASCII 码对照表

ASCII 值	字符	ASCII 值	字符	ASCII 值	字符	ASCII 值	字符
128	Ç	160	á	192	└	224	α
129	ü	161	í	193	┴	225	ß
130	é	162	ó	194	┬	226	Γ
131	â	163	ú	195	├	227	π
132	ä	164	ñ	196	—	228	Σ
133	à	165	Ñ	197	┼	229	σ
134	å	166	ª	198	╞	230	μ
135	ç	167	º	199	╟	231	τ
136	ê	168	¿	200	╚	232	Φ
137	ë	169	⌐	201	╔	233	Θ
138	è	170	¬	202	╩	234	Ω
139	ï	171	½	203	╦	235	δ
140	î	172	¼	204	╠	236	∞
141	ì	173	¡	205	=	237	φ

(续表)

ASCII 值	控制字符	ASCII 值	控制字符	ASCII 值	控制字符	ASCII 值	控制字符
142	Ä	174	«	206	╬	238	ε
143	Å	175	»	207	╩	239	∩
144	É	176	▒	208	╨	240	≡
145	æ	177	▓	209	╤	241	±
146	Æ	178	█	210	╥	242	≥
147	ô	179	│	211	╙	243	≤
148	ö	180	┤	212	Ô	244	⌠
149	ò	181	╡	213	╒	245	⌡
150	û	182	╢	214	╓	246	÷
151	ù	183	╖	215	╫	247	≈
152	ÿ	184	╕	216	╪	248	°
153	Ö	185	╣	217	┘	249	•
154	Ü	186	║	218	┌	250	·
155	¢	187	╗	219	█	251	√
156	£	188	╝	220	▄	252	ⁿ
157	¥	189	╜	221	▌	253	²
158	₧	190	╛	222	▐	254	■
159	ƒ	191	┐	223	▀	255	(blank)

附录 C　　运算符和结合性列表

运算符和结合性如表 C-3 所示。

表 C-3　运算符和结合性

优 先 级	运算符类别	运 算 符	意　　义	结 合 方 式
1	括号运算	()　[]	圆括号(函数), 数组(下标运算)	由左向右
	分量运算	->　.	指向结构体成员 结构体成员	

(续表)

优　先　级	运算符类别	运　算　符	意　　义	结合方式
2	单目运算	!	逻辑非(逻辑运算)	由右向左
		~	按位取反(位运算)	
		++、--	增量，减量	
		+、-	正负号	
		* &	间接，取地址	
		(类型)	类型转换	
		sizeof	求大小	
3	算术运算	*、/、%	乘法，除法，求余数	由左向右
4		+、-	加法，减法	
5	位运算	<<、>>	左移，右移	由左向右
6	关系运算	<、<=、>、>=	小于，小于或等于大于，大于或等于	由左向右
7		==、!=	等于，不等于	
8	位运算	&	按位与	由左向右
9		^	按位异或	
10		|	按位或	
11	逻辑运算	&&	逻辑与	由左向右
12		||	逻辑或	
13	条件运算	? :	条件	由右向左
14	赋值运算	=、+=、-=、*=、/=、%=、&=、^=、|=、<<=、>>=	赋值	由右向左
15	逗号运算	,	逗号(顺序求值)	由左向右

补充说明：

(1) 优先级分为 15 等级，等级数字越小，优先级越高。

(2) 不同的运算符要求不同的运算对象个数，如+(加)和-(减)为双目运算符，要求在运算符两侧各有一个运算对象(如 4+6、10-4 等)；而+(正号)和-(负号)运算符是单目运算符，只能在运算的一侧出现一个运算对象(如-a、k++、--k、(float)k、sizeof(int)、*p 等)。条件运算符是 C 语言中唯一的一个三目运算符如(x ? a:b)。

(3) 同一优先级的运算符，运算次序由其结合方向决定。例如，*与/具有相同的优先级别，其结合方向为自左至右，因此 6*8/3 的运算次序是先乘后除。--与++为同一优先级别，结合方向为自右至左，因此--i++等价于--(i++)。

附录 D　系统库和常用库函数

1. 数学函数

在使用数学函数(如表 D-1 所示)时，应该在源文件中使用预编译命令：

#include <math.h>或#include "math.h"

表 D-1　数学函数

函 数 名	函 数 原 型	功　　能	返 回 值
fabs	double fabs(double x);	求 x 的绝对值	计算结果
floor	double floor(double x);	求出不大于 x 的最大整数	该整数的双精度实数
exp	double exp(double x);	求 e^x 的值	计算结果
acos	double acos(double x);	计算 $\cos^{-1}(x)$ 的值，其中 $-1 \leqslant x \leqslant 1$	计算结果
asin	double asin(double x);	计算 $\sin^{-1}(x)$ 的值，其中 $-1 \leqslant x \leqslant 1$	计算结果
atan	double atan(double x);	计算 $\tan^{-1}(x)$ 的值	计算结果
atan2	double atan2(double x, double y);	计算 $\tan^{-1}(x/y)$ 的值	计算结果
cos	double cos(double x);	计算 $\cos(x)$ 的值，其中 x 的单位为弧度	计算结果
cosh	double cosh(double x);	计算 x 的双曲余弦 $\cosh(x)$ 的值	计算结果
fmod	double fmod(double x, double y);	求整除 x/y 的余数	返回余数的双精度实数
frexp	double frexp(double val, int *eptr);	把双精度数 val 分解成数字部分(尾数)和以 2 为底的指数 n，即 $val=x*2^n$，n 存放在 eptr 指向的变量中	返回数字部分 x，$0.5 \leqslant x < 1$
log	double log(double x);	求 $\ln x$ 的值	计算结果
log10	double log10(double x);	求 $\log_{10} x$ 的值	计算结果
modf	double modf(double val, int *iptr);	把双精度数 val 分解成数字部分和小数部分，把整数部分存放在 iptr 指向的变量中	val 的小数部分
pow	double pow(double x, double y);	求 x^y 的值	计算结果
sin	double sin(double x);	求 $\sin(x)$ 的值，其中 x 的单位为弧度	计算结果
sinh	double sinh(double x);	计算 x 的双曲正弦函数 $\sinh(x)$ 的值	计算结果
sqrt	double sqrt(double x);	计算 $\sqrt{x}$，其中 $x \geqslant 0$	计算结果
tan	double tan(double x);	计算 $\tan(x)$ 的值，其中 x 的单位为弧度	计算结果
tanh	double tanh(double x);	计算 x 的双曲正切函数 $\tanh(x)$ 的值	计算结果

2. 字符函数

在使用字符函数(如表 D-2 所示)时，应该在源文件中使用预编译命令：

#include <ctype.h>或#include "ctype.h"

表 D-2　字符函数

函 数 名	函 数 原 型	功　　能	返 回 值
isalnum	int　isalnum(int ch);	检查 ch 是否字母或数字	是字母或数字返回 1，否则返回 0
isalpha	int　isalpha(int ch);	检查 ch 是否字母	是字母返回 1，否则返回 0
iscntrl	int　iscntrl(int ch);	检查 ch 是否控制字符(其 ASCII 码在 0 和 0xlF 之间)	是控制字符返回 1，否则返回 0
isdigit	int　isdigit(int ch);	检查 ch 是否数字	是数字返回 1，否则返回 0
isgraph	int　isgraph(int ch);	检查 ch 是否可打印字符(其 ASCII 码在 0x21 和 0x7e 之间)，不包括空格	是可打印字符返回 1，否则返回 0
islower	int　islower(int ch);	检查 ch 是否小写字母(a~z)	是小写字母返回 1，否则返回 0
isprint	int　isprint(int ch);	检查 ch 是否可打印字符(其 ASCII 码在 0x21 和 0x7e 之间)，不包括空格	是可打印字符返回 1，否则返回 0
ispunct	int　ispunct(int ch);	检查 ch 是否标点字符(不包括空格)即除字母、数字和空格以外的所有可打印字符	是标点返回 1，否则返回 0
isspace	int　isspace(int ch);	检查 ch 是否空格、跳格符(制表符)或换行符	是，返回 1，否则返回 0
isupper	int　isupper(int ch);	检查 ch 是否大写字母(A~Z)	是大写字母返回 1，否则返回 0
isxdigit	int　isxdigit(int ch);	检查 ch 是否一个十六进制数字(即 0~9，或 A~F，a~f)	是，返回 1，否则返回 0
tolower	int　tolower(int ch);	将 ch 字符转换为小写字母	返回 ch 对应的小写字母
toupper	int　toupper(int ch);	将 ch 字符转换为大写字母	返回 ch 对应的大写字母

3. 字符串函数

使用字符串中函数(如表 D-3 所示)时，应该在源文件中使用预编译命令：

#include <string.h>或#include "string.h"

C 语言程序设计

表 D-3　字符串函数

函 数 名	函 数 原 型	功　　能	返 回 值
memchr	void memchr(void *buf, char ch, unsigned count);	在 buf 的前 count 个字符里搜索字符 ch 首次出现的位置	返回指向 buf 中 ch 的第一次出现的位置指针。若没有找到 ch，返回 NULL
memcmp	int memcmp(void *buf1, void *buf2, unsigned count);	按字典顺序比较由 buf1 和 buf2 指向的数组的前 count 个字符	buf1<buf2，为负数 buf1=buf2，返回 0 buf1>buf2，为正数
memcpy	void *memcpy(void *to, void *from, unsigned count);	将 from 指向的数组中的前 count 个字符复制到 to 指向的数组中。from 和 to 指向的数组不允许重叠	返回指向 to 的指针
memove	void *memove(void *to, void *from, unsigned count);	将 from 指向的数组中的前 count 个字符复制到 to 指向的数组中。from 和 to 指向的数组不允许重叠	返回指向 to 的指针
memset	void *memset(void *buf, char ch, unsigned count);	将字符 ch 复制到 buf 指向的数组前 count 个字符中	返回 buf
strcat	char *strcat(char *str1, char *str2);	把字符 str2 接到 str1 后面，取消原来 str1 最后面的串结束符'\0'	返回 str1
strchr	char *strchr(char *str,int ch);	找出 str 指向的字符串中第一次出现字符 ch 的位置	返回指向该位置的指针，若找不到，则应返回 NULL
strcmp	int *strcmp(char *str1, char *str2);	比较字符串 str1 和 str2	若 str1<str2，为负数 若 str1=str2，返回 0 若 str1>str2，为正数
strcpy	char *strcpy(char *str1, char *str2);	把 str2 指向的字符串复制到 str1 中去	返回 str1
strlen	unsigned *strlen(char *str);	统计字符串 str 中字符的个数(不包括终止符'\0')	返回字符个数
strncat	char *strncat(char *str1, char *str2, unsigned count);	把字符串 str2 指向的字符串中最多 count 个字符连到串 str1 后面，并以 NULL 结尾	返回 str1
strncmp	int strncmp(char *str1,*str2, unsigned count);	比较字符串 str1 和 str2 中至多前 count 个字符	若 str1<str2，为负数 若 str1=str2，返回 0 若 str1>str2，为正数

(续表)

函 数 名	函 数 原 型	功　　能	返　回　值
strncpy	char *strncpy(char *str1,*str2, unsigned count);	把 str2 指向的字符串中最多前 count 个字符复制到串 str1 中去	返回 str1
strnset	void *setnset(char *buf, char ch, unsigned count);	将字符 ch 复制到 buf 指向的数组前 count 个字符中	返回 buf
strset	void *setset(void *buf, char ch);	将 buf 所指向的字符串中的全部字符都变为字符 ch	返回 buf
strstr	char *strstr(char *str1,*str2);	寻找 str2 指向的字符串在 str1 指向的字符串中首次出现的位置	返回 str2 指向的字符串首次出现的地址, 否则返回 NULL

4. 输入/输出函数

在使用输入/输出函数(如表 D-4 所示)时，应该在源文件中使用预编译命令：
#include <stdio.h>或#include "stdio.h"

表 D-4　输入/输出函数

函 数 名	函 数 原 型	功　　能	返　回　值
clearerr	void clearer(FILE *fp);	清除文件指针错误指示器	无
close	int close(int fp);	关闭文件(非 ANSI 标准)	关闭成功返回 0, 不成功返回-1
creat	int creat(char *filename, int mode);	以 mode 所指定的方式建立文件(非 ANSI 标准)	成功返回正数, 否则返回-1
eof	int eof(int fp);	判断 fp 所指的文件是否结束	文件结束返回 1, 否则返回 0
fclose	int fclose(FILE *fp);	关闭 fp 所指的文件, 释放文件缓冲区	关闭成功返回 0, 不成功返回非 0
feof	int feof(FILE *fp);	检查文件是否结束	文件结束返回非 0, 否则返回 0
ferror	int ferror(FILE *fp);	测试 fp 所指的文件是否有错误	无错返回 0, 否则返回非 0
fflush	int fflush(FILE *fp);	将 fp 所指的文件的全部控制信息和数据存盘	存盘正确返回 0, 否则返回非 0

(续表)

函 数 名	函 数 原 型	功　　能	返　回　值
fgets	char *fgets(char *buf, int n, FILE *fp);	从 fp 所指的文件读取一个长度为 (n-1)的字符串，存入起始地址为 buf 的空间	返回地址 buf。若遇文件结束或出错则返回 EOF
fgetc	int fgetc(FILE *fp);	从 fp 所指的文件中取得下一个字符	返回所得到的字符。出错返回 EOF
fopen	FILE *fopen(char *filename, char *mode);	以 mode 指定的方式打开名为 filename 的文件	成功，则返回一个文件指针，否则返回 0
fprintf	int fprintf(FILE *fp, char *format,args,…);	把args的值以format指定的格式输出到 fp 所指的文件中	实际输出的字符数
fputc	int fputc(char ch, FILE *fp);	将字符 ch 输出到 fp 所指的文件中	成功则返回该字符，出错返回 EOF
fputs	int fputs(char *str, FILE *fp);	将 str 指定的字符串输出到 fp 所指的文件中	成功则返回 0，出错返回 EOF
fread	int fread(char *pt, unsigned size, unsigned n, FILE *fp);	从 fp 所指定文件中读取长度为 size 的 n 个数据项，存到 pt 所指向的内存区	返回所读的数据项个数，若文件结束或出错返回 0
fscanf	int fscanf(FILE *fp, char format,args,…);	从 fp 指定的文件中按给定的format格式将读入的数据送到 args 所指向的内存变量中(args 是指针)	已输入的数据个数
fseek	int fseek(FILE *fp, long offset, int base);	将 fp 指定的文件的位置指针移到 base 所指的位置为基准、以 offset 为位移量的位置	返回当前位置，否则返回-1
ftell	long ftell(FILE *fp);	返回 fp 所指定的文件中的读写位置	返回文件中的读写位置，否则返回 0
fwrite	int fwrite(char *ptr, unsigned size, unsigned n, FILE *fp);	把 ptr 所指向的 n*size 个字节输出到 fp 所指向的文件中	写到 fp 文件中的数据项的个数
getc	int getc(FILE *fp);	从 fp 所指向的文件中读出下一个字符	返回读出的字符，若文件出错或结束返回 EOF
getchar	int getchar();	从标准输入设备中读取下一个字符	返回字符，若文件出错或结束返回-1
gets	char *gets(char *str);	从标准输入设备中读取字符串存入 str 指向的数组	成功返回 str，否则返回 NULL

(续表)

函 数 名	函 数 原 型	功　　能	返　回　值
open	int open(char *filename, int mode);	以 mode 指定的方式打开已存在的名为 filename 的文件(非 ANSI 标准)	返回文件号(正数),如打开失败返回-1
printf	int printf(char *format,args,…);	在 format 指定的字符串的控制下,将输出列表 args 的值输出到标准设备	输出字符的个数。若出错返回负数
putc	int putc(int ch, FILE *fp);	把一个字符 ch 输出到 fp 所指的文件中	输出字符 ch,若出错返回 EOF
putchar	int putchar(char ch);	把字符 ch 输出到 fp 标准输出设备	返回换行符,若失败返回 EOF
puts	int puts(char *str);	把 str 指向的字符串输出到标准输出设备,将"\0"转换为回车行	返回换行符,若失败返回 EOF
putw	int putw(int w, FILE *fp);	将一个整数 w(即一个字)写到 fp 所指的文件中(非 ANSI 标准)	返回输出的整数,若文件出错或结束返回 EOF
read	int read(int fd, char*buf, unsigned count);	从文件号 fd 所指定文件中读 count 个字节到由 buf 指示的缓冲区(非 ANSI 标准)	返回真正读出的字节个数,如文件结束返回 0,出错返回-1
remove	int remove(char *fname);	删除以 fname 为文件名的文件	成功返回 0,出错返回-1
rename	int rename(char*oldname, char *newname);	把 oldname 所指的文件名改为由 newname 所指的文件名	成功返回 0,出错返回-1
rewind	void rewind(FILE *fp);	将 fp 指定的文件指针置于文件头,并清除文件结束标志和错误标志	无
scanf	int scanf(char *format,args,…);	从标准输入设备按 format 指示的格式字符串规定的格式,输入数据给 args 所指示的单元。args 为指针	读入并赋给 args 数据个数。若文件结束返回 EOF,若出错返回 0
write	int write(int fd, char *buf, unsigned count);	从 buf 指示的缓冲区输出 count 个字符到 fd 所指的文件中(非 ANSI 标准)	返回实际写入的字节数,若出错,返回-1

5. 动态存储分配函数

在使用动态存储分配函数(如表 D-5 所示)时,应该在源文件中使用预编译命令。

#include <stdlib.h>或#include"stdlib.h"

表 D-5　动态存储分配函数

函 数 名	函 数 原 型	功　　能	返 回 值
callloc	void *calloc(unsigned n, unsigned size);	分配 n 个数据项的内存连续空间，每个数据项的大小为 size	分配内存单元的起始地址。若不成功，返回 0
free	void free(void *p);	释放 p 所指内存区	无
malloc	void *malloc(unsigned size);	分配 size 字节的内存区	所分配的内存区地址，若内存不够，返回 0
realloc	void *realloc(void *p, unsigned size);	将 p 所指的已分配的内存区的大小改为 size。size 可以比原来分配的空间大或小	返回指向该内存区的指针

6. 其他函数

有些函数由于不便归入某一类，所以单独列出。使用这些函数(如表 D-6 所示)时，应该在源文件中使用预编译命令：

　　#include <stdlib.h>或#include "stdlib.h"

表 D-6　其他函数

函 数 名	函 数 原 型	功　　能	返 回 值
abs	int abs(int num);	计算整数 num 的绝对值	计算结果
labs	long labs(long num);	计算 long 型整数 num 的绝对值	返回计算结果
atof	double atof(char *str);	将 str 指向的字符串转换为一个 double 型的值	返回双精度计算结果
atoi	int atoi(char *str);	将 str 指向的字符串转换为一个 int 型的值	返回转换结果
atol	long atol(char *str);	将 str 指向的字符串转换为一个 long 型的值	返回转换结果
exit	void exit(int status);	中止程序运行。将 status 的值返回调用的过程	status 的值
itoa	char *itoa(int n, char *str, int radix);	将整数 n 的值按照 radix 进制转换为等价的字符串，并将结果存入 str 指向的字符串中	返回一个指向 str 的指针
rand	int rand();	产生 0 到 RAND_MAX 之间的伪随机数。RAND_MAX 在头文件中定义	返回一个伪随机(整)数
random	int random(int num);	产生 0 到 num 之间的随机数	返回一个随机(整)数
randomize	void randomize();	初始化随机函数，使用时包括头文件 time.h	